图说时间简史

楚丽萍 主编

中国华侨出版社

· 北京 ·

图书在版编目（CIP）数据

图说时间简史 / 楚丽萍主编 . —北京：
中国华侨出版社，2017.4（2019.6 重印）
ISBN 978-7-5113-6781-5

Ⅰ.①图… Ⅱ.①楚… Ⅲ.①宇宙学－图解 Ⅳ.
①. P159-64

中国版本图书馆 CIP 数据核字（2017）第 155636 号

图说时间简史

主　　编：楚丽萍
责任编辑：滕　森
封面设计：施凌云
文字编辑：徐胜华
美术编辑：张　诚
部分图片来自：www.quanjing.com
经　　销：新华书店
开　　本：880mm×1230mm　1/32　印张：8　字数：300 千字
印　　刷：三河市万龙印装有限公司
版　　次：2017 年 8 月第 1 版　　2021 年 11 月第 11 次印刷
书　　号：ISBN 978-7-5113-6781-5
定　　价：46.00 元

中国华侨出版社　　北京市朝阳区西坝河东里 77 号楼底商 5 号
邮　　编：100028
发 行 部：（010）88893001　传　　真：（010）62707370
网　　址：www.oveaschin.com　E-mail：oveaschin@sina.com

如果发现印装质量问题，影响阅读，请与印刷厂联系调换。

　　从古至今，人们一直致力于探究宇宙的本源和归宿：宇宙究竟是无限的还是有限的？它有一个开端吗？如果有的话，在此之前发生了什么？时间的本质是什么？它会到达一个终点吗？这些问题常让普通大众陷入没有出口的思考，同样也困扰着古往今来众多的科学家和哲学家。

　　目前，人们普遍接受的时间观念来自爱因斯坦的相对论。在相对论中，时间与空间一起组成四维时空，成为构成宇宙的基本结构。而史蒂芬·霍金在爱因斯坦之后通过对黑洞、红移及微波背景辐射等的研究，融合了量子理论，提出了他惊人的论断——宇宙是有限的，但无法找到边际；宇宙在150亿～200亿年前的大爆炸开端有一个奇点，这也是时间的起点，在此之前，时间毫无意义；空间—时间可看成一个有限无界的四维面，宇宙中的所有结构都可归结于量子力学的测不准原理所允许的最小起伏。

　　为了便于读者对宇宙学理论进行系统、深入的解读，我们编写

了这本《图说时间简史》。本书对于非科学专业的读者来说，是享受人类文明成果的好机会，而对于各科学领域的读者来说，本书无疑是他们宝贵灵感的源泉之一。书中整合了大量背景信息和理论资料，尽量将原著中一笔带过或不甚明了的知识点分解开、详细化地讲清楚。删除了纯粹技术性的概念，诸如混沌的边界条件的数学等。相反，包括相对论、弯曲空间以及量子论的课题，则予以详细论述。

它带我们遨游到微观和宏观的奇异领域，带我们去认识遥远的星系、神秘的黑洞、基本粒子和自然的力、夸克、反物质，理解膨胀的宇宙、不确定性原理、时间旅行及大统一理论，揭示当日益膨胀的宇宙崩溃时，时间倒溯引起人们不安的可能性。在这个奇境里，粒子、膜和弦做十一维运动，黑洞最后蒸发并且和它携带的秘密同归于尽，而我们宇宙创生的种子只不过是一粒微小的"坚果"……

书中配有大量照片、示意图和解析图，以直观形象的方式阐述霍金那些惊人的观点，尤其是一些难懂的数学解析和理论模型，为读者更好地理解提供了捷径。

总之，本书力图将复杂高深的理论物理知识以通俗易解的语言展现给普通人看，人类从古至今对时间的探索历程将在书中清晰展现，并在哲学层面理解科学成果，以科学成果烘托哲学理论。无论是广袤星际间的复杂关联，还是一个个物理学概念的阐释，都变得更加引人入胜，使人遐想万千。

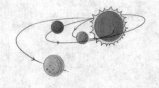

第五章　黑洞到底黑不黑

第一章

我们的宇宙图像

人类认识宇宙，从「看星星」开始

与生产生活密切相关的天象观测

"天地混沌如鸡子，盘古生其中。"在古老的中国人看来，整个宇宙，也就是我们生活的世界，不过是一个混沌的类似于鸡蛋的东西，盘古生在其中，创造了人类文明。当然，除了这种"混天说"，早期中国人还提出了关于世界的"盖天说"，即"天圆地方说"。"天似穹庐，笼盖四野。天苍苍，野茫茫，风吹草低见牛羊。"穹隆状的天覆盖在呈正方形的平直大地上，天地宛如一座顶部为圆形的凉亭。

当然，受科技水平和自身居住环境的限制，早期中国人对世界的这些认知基本上都是通过"看天"的活动得来的，且仅仅局限在他们所能看到的地球上。同样，西方人最开始对宇宙的认知也局限在自身生活的世界——地球上。他们把高山大海当作宇宙

▲北斗七星的指极星正在坚守岗位，"指示"着北极星。

的尽头，认为高山围起了大地，而天空高高地悬挂在高山之上。每天，太阳会横穿过天空，并在夜晚来临时潜入地下隧道，等第二天又重新从东方升起。

"壬午卜，扶，奏丘，日南，雨"，距今三千多年的殷商甲骨文上的这段记录，描述了人们根据太阳的位置变化来确定天气的情景。实际上，在经历了不断抬头望天、看星星，以及对自身生存的世界的诸多猜测之后，人们逐渐发现了天象（泛指各种天文现象）跟地球上的气象（发生在天空中的风、云、雨、雪等一切大气的物理现象）密切相关，而气象直接影响着农业生产和季节变换。于是，有意识地观察和认识天象，以更好地服务农业生产和生活，就成了早期人类最感兴趣的活动之一。

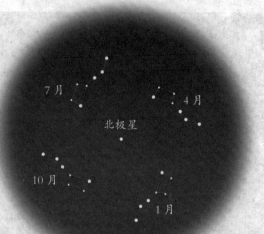

▲北斗七星转呀转，一圈又一圈。如果你在北半球向北走得足够远的话，就能看到图中的情景。这是一年之中某个特定时节晚上8时左右的图像。图中左侧为西北方向，右侧是东北方向。

7月

北极星

4月

10月

1月

　　而这，也成了人类认识宇宙的开端。

　　"斗柄东指，天下皆春，斗柄南指，天下皆夏，斗柄西指，天下皆秋，斗柄北指，天下皆冬。"距今2000多年的战国古书《鹖冠子》中的这段内容，描述了人们根据黄昏时分观测到的北斗七星的位置来判断季节的情况。实际上，经过不断观测天象，人们逐渐从日月星辰的升降隐现中总结出了日、月、年的概念，并由此制定出了简单的历法。据记载，中国在殷商时期就制定出了阴阳历，年有平年、闰年之分，平年12个月，闰年13个月，闰月置于年终，称十三月。但在甲骨卜辞中还偶有十四月甚至十五月出现，这说明当时人们还不能很好地把握年月之间的长度关系。此外，古埃及人很早就意识到了季节的变换，并有专门的人负责观测天象。经过长期的观测，古埃及人产生了"季节"的概念，把一年定为365天。我们现在用的阳历，就来源于古埃及的历法。

就这样，立足于农业生产和生活，人们开始了天象观测活动，并根据天象逐渐总结制定出了系统的历法。而这些天象观测，无疑为人类认识宇宙打开了大门。接下来，在继续观测天象的过程中，人们逐渐发现了天体（宇宙中各种实体如恒星、行星的统称）运行的规律，并开始有意识地研究这些规律从而重新认识自身生存的世界。

宇宙地心说

据说，最早提出"地心说"观点的人是古希腊学者欧多克斯。在这之后，"地心说"经亚里士多德完善，并最终由托勒密发展成为"地球是宇宙的中心"的宇宙模型。

在亚里士多德论证地球是球形的同时，他就表达了"地球是宇宙中心"的观点。他认为，宇宙是一个有限的球体，分为天地两层，地球是静止的，位于宇宙的中心。在地球之外，有9个等距离的天层，从里到外依次是月球天、水星天、金星天、太阳天、火星天、木星天、土星天、恒星天和原动力天，此外就空无一物。上帝推动了恒星天层，从而带动所有天层运动。此外，亚里士多德还提出了构成物质的"五种元素"，即地球上的物质是由水、气、火、土四种元素组成，而天体则由第五种元素"以太"组成。

有人说，亚里士多德之所以认为地球是宇宙的中心，是出于

一些神秘的原因。不过，尽管他的"地心说"模型有模有样，但随着对行星观测的不断发展，人们发现它无法很好地解释行星的"不规则"运行。于是，公元 2 世纪，另一位天才的希腊天文学家托勒密在亚里士多德理论的基础上，提出了更为完善的"地心说"。

在托勒密看来，要解决行星的不规则运行，如某些时候行星会出现"逆行"现象，向着反方向运行，势必要在原本绕地球运行的轨道之外，给行星再加一个运行轨道。因此，他提出了"本轮"和"均轮"的理论，即各行星都绕着一个较小的圆周运动，而每个圆周的圆心都在以地球为中心的圆周上运动，每个小圆周叫作"本轮"，绕地球的圆周叫作"均轮"。

在本轮和均轮的基础上，托勒密提出了他的地心说宇宙模型。宇宙是一个套着一个的大圆球，地球位于圆球的中心，在地球周围是 8 个旋转的圆球，上面依次承载着月球、水星、金星、太阳、火星、木星、土星和恒星。

对宇宙而言，最外面的圆球即是某种边界或容器，而圆球之外为何物，还没有人弄得清。在最外层圆球上，恒星占据着固定的位置，因此当圆球旋转时，恒星间的相对位置不变，圆球和恒星作为一个整体一起旋转着穿越天穹；内部的圆球携带着行星，这些行星除了在圆球上运行外，还会绕着本轮的小圆周运行，因此相对于地球，它们的轨道就显得复杂，这就导致了它们的运行有时候不规则。

相对于亚里士多德的地心说模型，托勒密的更为复杂，当然也能更好地解释行星的运行。与此同时，他还提供了一种非常合理的精确系统，可以用来预测天体在天空中的位置。但是，为了正确地预测这些位置，托勒密不得不假设月球沿着一条特殊的轨道前进，即在这条轨道上，月亮和地球的距离有时是其他时刻的一半，这意味着月亮在某些时刻看起来应当是其他时刻的2倍！这无疑是个瑕疵，但在当时，由于托勒密地心说模型给恒星之外的天堂和地狱留下了大量的空间，因此天主教教会接纳它为世界观的"正统理论"，人们也开始普遍接受它。

科学发展最终证明，"地心说"是错误的。但由于以地球为稳定中心，其他一切都围绕着地球运动的观念是如此令人信服，以至于好几个世纪之内托勒密的地心说模型都占据统治地位。但是，真理的殿堂从来都是不断否定不断建立新理论的过程，1300年后，终于有人大胆地反抗

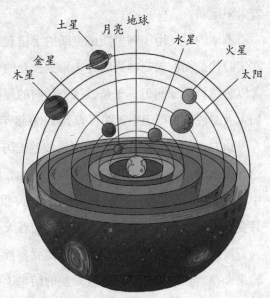

▲托勒密的宇宙模型

土星　月亮　地球　水星　火星　金星　木星　太阳

这一理论，并以大无畏的精神提出了全新的宇宙模型，这个人就是哥白尼！

日心说出炉

跟"地心说"一样，最早提出"日心说"的人并不是家喻户晓的哥白尼，而是古希腊最伟大的天文学家、数学家阿里斯塔克斯。

阿里斯塔克斯出生于大约公元前 310 年，是人类历史上有记载的首位提倡日心说的天文学者。他将太阳而不是地球放置在整个已知宇宙的中心，认为太阳与固定的恒星不会运动，而地球绕着太阳运动。

不幸的是，由于阿里斯塔克斯的宇宙观和日心说理论远远走在了时代前面，因而在当时并未得到公众的承认，甚至还险些被人以亵渎神明罪起诉。于是，这个超前的理论就像珍贵的戒指被扔入大海般消失得无影无踪，直到 1800 多年后哥白尼的出现。

1473 年，哥白尼出生在当时属波兰王国普鲁士行省的小城托伦。在当时，天文学采用的是托勒密的地心说体系。在这个体系中，由于托勒密提出了本轮和均轮的复合，因此它可以预测日食、月食，也可以解释一些现象。但是，随着天文观测技术的进步，人们发现在托勒密的宇宙模型中，需要在行星轨道上附加太多本轮来调整轨道的周期，以适应观测的结果（在文艺复兴时期，托勒密提出的本轮和均轮数目就达到了 80 多个）。这种现象引发了哥白尼的怀疑，他认为，如果假设太阳是宇宙的中心，其他天体都围绕着太阳旋转，那么就不用人为地加上如此多的本轮了。但这样的观点在当时是万万不敢提出的，因为上帝是在位于宇宙中心的地球上创造了人类，如果说太阳是宇宙的中心，那无疑会被认为是异端邪说。

不过，哥白尼并未因外界的压力而放弃科学探索。1506年，在回国任教后不久，他就开始着手写作自己的天文学说著作《天体运行论》。1512年，哥白尼还把他任职地的城堡西北角的箭楼修建为自己的小型天文台，用自己研制的简陋仪器来进行天文观

◀ 图为哥白尼描绘的天体运行图,这是以太阳为中心的行星系统。这在现今已得到广泛承认,但在哥白尼所处的时代却是一次科学史上的巨大革命。

测和计算。之后,在 1514 年,由于害怕遭受教会的迫害,哥白尼通过匿名方式发表了自己的宇宙模型,即"日心说"。

他的观念是:太阳静止地位于宇宙的中心,地球和行星都在围绕太阳做圆周运动。

他指出,人类生存的地球只是围绕太阳的一颗普通行星,地球每天自转一周,由此形成天穹的旋转,而月球则在圆形轨道上绕地球转动。此外,太阳在天球上的周年运动是地球绕太阳公转运动的结果,地球上人们观测到的行星的倒退或者靠近现象都是地球和行星共同绕日运动产生的结果。当然,完整的日心体系在哥白尼 1543 年出版的《天体运行论》中得到了详细阐述,这本书也被认为是现代天文学的起步点。

大地是运动的,对古代人来说,这一观点是难以接受的。此外,

"日心说"指出行星围绕太阳做圆周运动，但行星运动的观测结果并非完全符合圆周这一结论。因此，在哥白尼的《天体运行论》出版后半个多世纪里，日心说仍然很少受到关注，支持者更是寥寥。直到1609年，伽利略使用刚发明的望远镜观测木星时发现，在木星周围有几颗小的卫星在绕着木星做运动。这说明，天体并非都像亚里士多德和托勒密认为的那样直接绕着地球运动。几乎在同时，另一位天文学家开普勒改进了哥白尼的理论，使理论预言和观测一下子完全符合起来，由此彻底宣告了托勒密"地心说"体系的死亡。

开普勒三大定律

说到开普勒三大定律，就不能不说丹麦天文学家第谷·布拉赫。正是由于参考了他的大量珍贵、精确的天文观测资料，开普勒才最终研究并发现了行星运动的三大定律，为牛顿万有引力定律的发现打下了基础。

作为一个天文爱好者，第谷从十几岁就开始查看星历表和天文学著作，并进行天文观测。1572年，第谷观测到一颗非常明亮的星星突然出现在了仙后座，他为此进行了连续几个月的观察，最终看到了这颗星星从明亮到消失的过程。后来，人们知道这并非一颗新星的生成，而是一颗暗到几乎看不见的恒星在消失前发生爆炸的过程，这颗被发现的星星也被称为第谷超新星。在1577年，一颗巨大的彗星出现在丹麦上空，第谷首次将彗星作为独立天体进行了观测。观测结果显示，彗星的轨道不可能是完美的圆周形，而应该是被拉长的，且由视差判断该彗星与地球的距离比地月的距离更远。

随后，第谷通过精确的星位测量，企图发现由地球运行而引起的恒星方位的改变，但结果一无所得。由此，他开始反对哥白尼的日心说，并在1583年出版的《论彗星》一书中提出一种介于地心说和日心说之间的理论，即地球是静止的中心，太阳围绕地球做圆周运动，除地球外的其他行星则围绕着太阳做圆周运动。这个理论曾一度被人接受，中国明朝就使用了主要依据第谷的观测结果而编制的时宪历。

虽然第谷的行星模型很快就被淘汰了，但他的天文观测对科学革命来说是个重大的贡献。在第谷去世之后，他的助手开普勒利用他多年积累的观测资料，仔细分析研究并提出了行星运动的三大定律，从而揭开了行星运动的秘密。

◀彗星是太阳系中的"流浪者"，它们会按时返回。这幅哈雷彗星的照片是1986年它最近一次靠近地球时被拍摄到的。这颗彗星每77年才能返回至近地位置（可视范围之内）一次。

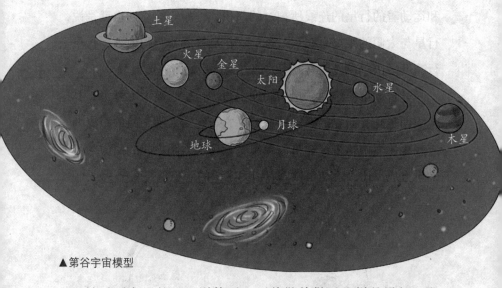

▲第谷宇宙模型

土星　火星　金星　太阳　水星　月球　地球　木星

　　针对哥白尼的日心说体系，开普勒曾做过这样的设想，即如果行星都在围绕太阳而不是地球运动，同时运行轨道又都是椭圆形的，那么每个行星的轨道就都会是一直向前的，也就不需要再添加什么复杂的本轮来进行调节了。这样一来，行星的运动不但可以用非常简单、优雅的轨道来描述，还可以解释那些不符合圆周运动轨道的行星运动的观测结果。在这个假设的基础上，开普勒参考第谷的大量观测资料，最终提出了行星运动的三大定律。

　　开普勒第一定律，也叫椭圆定律、轨道定律：每一个行星都沿着各自的椭圆轨道绕太阳运行，而太阳则处在椭圆的一个焦点中。

　　开普勒第二定律，也叫等面积定律：在相同的时间内，太阳

和运动着的行星的连线所扫过的面积都是相等的。这也就是说，行星与太阳的距离是时远时近的，在最接近太阳的地方，行星运行速度最快，在最远离太阳的地方，行星运行速度最慢。

开普勒第三定律，也叫周期定律：行星距离太阳越远，其运转周期越长，而它的运转周期的平方与它到太阳之间的距离的立方成正比。由这个定律可以导出，行星与太阳之间的引力与半径的平方成反比，这是牛顿万有引力定律的一个重要基础。

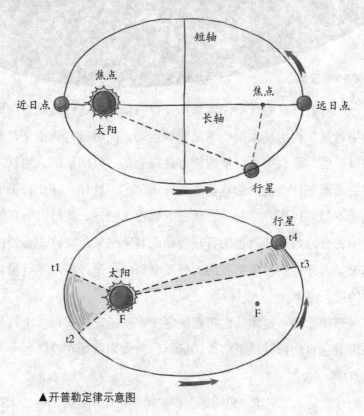

▲开普勒定律示意图

行星在椭圆轨道上绕太阳运动而不是以圆形轨道绕地球运动，这一结论直接印证了哥白尼的日心说理论，也说明了地球确确实实是围绕太阳运行的。而开普勒三大定律的提出，对行星绕太阳运动做了一个基本完整、正确的描述，解决了天文学的一个基本问题，也为接下来牛顿发现万有引力定律奠定了坚实的基础。牛顿曾说："如果说我比别人看得远些的话，是因为我站在巨人的肩膀上。"毫无疑问，开普勒就是他所指的巨人之一。

在某一个有限时刻，宇宙开端了

彼此相互吸引的恒星，会不会最终落到某处去呢？1691年，大科学家牛顿给当时的另一位权威思想家理查德·本特利写了一封信。在这封信中，牛顿指出，如果宇宙中仅仅有数目有限的恒星，那么由于相互之间的吸引力，这些恒星最终会落到一个中心点上。但另一方面，如果恒星的数目是无穷大，并且大致均匀地分布在无限大的空间之内，那么恒星就不可能落到一点上，因为此时对恒星来说根本不存在所谓的聚落中心点。

正确地考虑无穷数目恒星状态的办法其实也很容易，那就是先考虑有限的情况。在一个有限的空间内，由于引力作用，恒星会被彼此吸引内落并集聚在一起。现在，在上述有限区域外再加上一些恒星，且让它们也大体分布均匀，会发生什么变化？根据引力定律，后来补充的恒星依然会跟原来的恒星一样，接连不断

地内落而集聚。依此类推，人们得出的结论就是，不可能构筑一个静态的无限宇宙模型，因为引力永远是一种吸引力。

宇宙在运动！由引力定律得出的这个结论让相信宇宙以不变状态永恒存在的人们大吃一惊。但更让人吃惊的事情还在后面。通常来讲，在一个无限静态的宇宙中，几乎每一条视线或每一条边，都会终止于某个恒星的表面。这样一来，人们将会看到整个天空像太阳一般明亮，即便夜晚也是如此。但事实并非如此。于是，为避免这种状况，就只能假设恒星并非永远在发光，它们只是在过去的某个时间才开始发光。那么问题来了：是什么原因导致恒星在最开始的位置上开始发光呢？

宇宙是否有一个开端？

当问题进展到这一步，人们不得不面对这个一直处于神学和玄学范围的问题。事实上，在宗教的早期传说中，有多种关于宇宙开端的观点都认为宇宙有一个开端。《创世记》一书中，圣奥古斯汀就设定宇宙的创生之时约为公元前 5000 年。而接下来，埃德温·哈勃的发现，终于为这一构想提供了科学依据。

1929 年，埃德温·哈勃完成了一项划时代的观测，即无论朝哪个方向看，遥远的恒星都在快速地远离我们所在的银河系，也就是说宇宙在膨胀。这同时意味着，在过去的某个时间，天体是紧密地聚集在一起的。很快，关于大爆炸的学说兴起了，它提出，曾经存在一个称之为大爆炸的时刻，那时候宇宙无限小，密度无限大，大爆炸之后宇宙逐渐膨胀，成为今天我们见到的样子。在这个学说中，时间在大爆炸时有一个开端，即宇宙开始于某个时刻。哈勃的发现最终把宇宙开端的问题彻底纳入了科学的范畴，人们由此可以说，时间有一个起点，即大爆炸瞬间，这意味着在这之前的时间是完全不可定义的。当然，宗教人士依然可以相信，是上帝在大爆炸瞬间创造出了宇宙，上帝甚至可以在大爆炸之后的某个时刻创造宇宙，只不过创造的方式使之看上去像经历了大爆炸。但无论如何，设想宇宙创生于大爆炸之前是毫无意义的。大爆炸的宇宙并没有排斥造物主的存在，只不过对他何时从事这项工作加上了限制而已。从这一点上说，宗教和科学终于达成了一致。

星系是遍布宇宙的庞大星星「岛」

神秘天河中藏着无数恒星

"晴夜高空，呈银白色带状，形如天河，所以称天河。"在久远的古代，当中国人发现天空中的那条银白色光带时，人们觉得那简直像是空中流淌的一条大河，因此叫它"天河"。而对世界各地的人们来说，空中的这条银白色光带一直都是美丽而神秘的，人们无法从科学角度解释它的存在，只能求助于形形色色的神话传说。

在古希腊，人们称这条天河为"奶路"。古希腊人认为，"奶路"是宙斯同他的情妇之一阿尔克墨涅所生的儿子——幼年的赫拉克勒斯——抓伤了宙斯的正妻赫拉的乳房，把奶汁洒向天空而形成的。而在澳大利亚，人们普遍认为，天上的天河是造物主忙碌之后感到筋疲力尽时，在就寝前点燃的一堆营火所发出的烟。

某些美洲印第安人的说法则更加神奇，他们认为天河是勇敢的战士死后进入天堂的道路，路边的明亮星星则是死者途中临时休息地的营火。

跟这些神话传说相比，古代中国关于银河的神话故事则更为浪漫感人。"纤云弄巧，飞星传恨，银汉迢迢暗度。"宋代词人秦观的这句词，形象地写出了牛

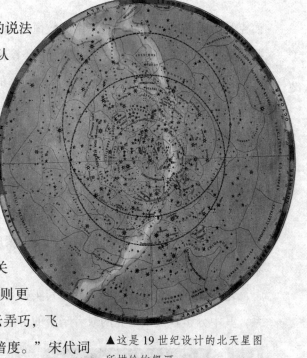

▲这是 19 世纪设计的北天星图所描绘的银河。

郎织女被天河阻碍无法相见的景象。相传，天帝的女儿织女跟凡间的放牛郎相恋，却被天帝阻止。天帝一怒之下，用一条天河将织女与牛郎隔开，使他们隔河相望，难以相见。

自此，天空便有了这条天河，而每逢七月初七，好心的喜鹊就会在天河上架起一座鹊桥，让牛郎织女在桥上相会。

当然，神话传说能满足普通人对天河的猜测，却无法满足哲学家们的睿智头脑。亚里士多德就认为，天河纯粹是一种大气现象，是地球蒸发产生的水蒸气。而古希腊另一位有名的哲学家德

谟克利特则提出，天河其实是由无数恒星构成的，只不过由于这些恒星太过暗淡、密集，只能表现为一条模糊的光带。

直到 1609 年，意大利天文学家伽利略的发现，最终揭开了这条神秘天河的真面目。借助于自制的望远镜，伽利略观测到了金牛座中有名的"七姐妹星团"，也就是中国古代说的"昴宿"，通常人的肉眼只能看到 6 颗星，但伽利略通过望远镜却看到了 36 颗星。之后，他又对那条光带进行了观测，发现在望远镜中这条天河呈现出无数颗密密麻麻的星星。于是，伽利略证实了德谟克利特的见解，即银河不是别的，而是汇聚成群的无数恒星的大集合。

现在人们都知道，空中的天河其实就是我们地球所在的银河系，其中分布着很多明亮的或者暗淡的恒星。当然，在认识了银河的构成后，人们也随之发现了更多类似于银河系的、由无数恒星集合而成的光带。

透过望远镜，以前人们只能用肉眼看到一些明亮恒星的天空，迅速扩展为一大片一大片的星星聚合体。在这些星星聚合体中，除了明亮

▲伽利略制成了自已的望远镜。

的恒星，还有其他许多较暗的恒星，它们密集地分布在一条条光带之中，呈现出一些特定的形状。那么，恒星在什么空间范围内是分布均匀的？远处的恒星又是如何排列分布的呢？这个问题，便是我们接下来要讲的概念——星系。

星系"类型秀"

就像蓝色大海中点缀的一个个岛屿一样，在茫茫无边的宇宙中，点缀其中的是星罗棋布的星系。星系是宇宙中庞大的星星"岛屿"，也是宇宙中最大、最美丽的天体系统之一。

"星系"一词最初来源于希腊文中的 galaxy。以我们所在的银河系为例，星系是一个包含恒星、气体的星际物质、宇宙尘和暗物质，并受重力束缚的大质量系统。典型的星系，从包含数千万颗恒星的矮星系到含有上兆颗恒星的椭圆星系，都围绕着质量中心运转。除了单独的恒星和稀薄的星际物质，多数星系都有数量庞大的多星系统、星团和各种不同的星云（由气体和尘埃组成的云雾状天体，最开始，所有在宇宙中的云雾状天体都被称作星云）。我们所居住的地球就身处一个巨大的星系——银河系中，而在银河系之外，还有上亿个像银河系这样的被称为河外星系的"太空巨岛"。

天文学家估算，在可观测到的宇宙中，星系的总数大概超过了 1000 亿个。它们中有些离我们较近，可以清楚地观测到结构，有些则非常遥远，最远的星系甚至离我们有将近 150 亿光年。

河外星系的"发现史"

伽利略使用他的望远镜研究了天空中明亮的银河，发现它是数量庞大且光度暗淡的恒星聚集成的。

1610 年

伊曼纽尔·康德在一篇论文中，借鉴之前由托马斯·怀特完成的素描图，推测银河是由恒星组成的盘状物。我们从盘内透视时，就会看到一条在夜空中的光带。同时他还推测，许多天文学家称作"星云"的模糊天体是银河之外的类似银河的天体。

1755 年

梅西尔完成了梅西尔目录，其中收录了 103 个明亮的星云。继梅西尔之后，威廉·赫歇尔也完成了收录多达 5000 个星云的目录。

18 世纪末

罗斯勋爵造出了一架全新的望远镜，可以区分出椭圆形状的星云和螺旋形状的星云，他同时在这些星云中找到了一些独立的点，为康德的说法提供了证据。

1845 年

哈勃使用大望远镜确认，那些观测到的星云即是河外星系。哈勃分辨出螺旋星系外围单独的恒星，并辨认出了其中有些是造父变星，从而可以估计出这些星云状天体的距离——它们的距离如此之远，以至于不可能是银河系内部的一部分。

1920 年

哈勃制定了现在仍被使用的星系分类法，也就是哈勃序列。在哈勃序列里，E 表示椭圆星系，S 表示旋涡星系，SB 表示棒旋星系，SO 表示透镜星系。

1926 年

星系主要依据它们的视觉形状来分类。夏天的夜晚，很多时候空中会出现一条白色的"丝带"，那是银河。在星系世界中，有很多像银河一样的星系，它们外观呈螺旋结构，核心部分表现为球形隆起，也就是核球。这种核球的外观是薄薄的盘状结构，从星系盘的中央向外缠卷着数条长长的旋臂。这样的星系被称为旋涡星系。另外一些星系看起来是椭圆形或正圆形，没有旋涡的结构，被称为椭圆星系。在旋涡星系和椭圆星系之间，还有一些拥有明亮的核球和圆盘、没有旋臂、看起来像透镜的星系，它们被称作透镜星系。这三类星系之外，是一些形状不对称、无法辨认其核心、看起来甚至碎裂成几部分的星系，它们被称为不规则星系。

备注：光度是天体表面单位时间辐射的总能量，也就是天体真正的发光能力。范登伯发现星系旋臂的形态跟其亮度有关，即光度越高，旋臂越长、越舒展；反之，光度越暗，旋臂越不舒展。他据此在哈勃分类的基础上，增加了光度级作为第二个参量，将不同星系分为5个光度级，即Ⅰ、Ⅱ、Ⅲ、Ⅳ、Ⅴ。

通常，星系的大小差异很大。椭圆星系的直径在 3300 光年到 49 万光年之间，旋涡星系的直径在 1.6 光年到 16 万光年之间，而不规则星系的直径在 6500 光年到 2.9 万光年之间。拿太阳来类比，星系的质量一般是太阳质量的 100 万倍到 1 兆倍。星系内部的恒星都在运动，星系本身也在自转。天文学家认为星系自转时顺时针方向和逆时针方向的比率是相同的，但也有一些观测结果

▲螺旋星系

猎犬座 NGC4414。

▲棒旋星系

波江座 NGC1300。

▲椭圆星系

室女座椭圆星系 M87。

▲不规则星系

大熊座 M82。

显示，逆时针旋转的星系更多一些。

　　在众多的河外星系中，只有很少一部分有专门的名字。小麦哲伦星系是以发现者的名字来命名的，猎犬座星系则以所在星座的名称来命名。除此之外，绝大多数的河外星系都以某个星云、星团表的号数来命名。大尺度上来看，星系的分布是接近均匀的，但从小尺度上来看则很不均匀，如大麦哲伦星系和小麦哲伦星系就组成了双重星系，而它们又和银河系组成了三重星系。

扁平圆盘状的银河系

"飞流直下三千尺，疑是银河落九天。"一千多年前李白写的这句诗，表明人们对银河的认识由来已久。但是，真正认识到银河的本质，了解银河是一个包含我们生活的太阳系的旋涡星系，还是从近代开始的。

实际上，近代天文学家发现银河系的过程非常漫长。当伽利略首先用望远镜观测银河之后，人们就知道了银河是由恒星组成的。到1750年，英国人托马斯·赖特就提出了银河和所有的恒星构成一个巨大的扁平状系统的观点，这是对银河外形的首次描述。随后，德国哲学家康德于1755年指出，恒星和银河之间可能会组成一个巨大的天体系统。接下来的1785年，英国天文学家威廉·赫歇耳通过恒星计数得出，银河系中恒星分布的主要部分是一个扁平圆盘状的结构。他随后通过望远镜用目视方法计数了117600颗恒星，并根据观测结果首次确认了银河系为扁平状圆盘的假说。随后，美国天文学家沙普利经过4年的观测，于1918年提出太阳系不在银河系中心，而是处于银河系边缘的观点。他根据观测结果细致地研究了银河系的结构和大小，最终提出了一个银河系模型，即银河系是一个透镜状的恒星系统，太阳系并不在中心。这个模型后来被证明是正确的，沙普利的观测为人们进一步认识银河系奠定了基础。这之后，天文学家就把以银河为表现的恒星系统称为银河系。

现在我们知道，银河系是一个由1000亿～4000亿颗恒星、

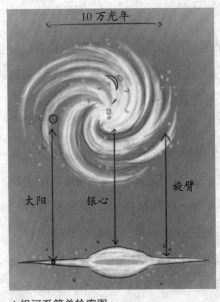

10 万光年

太阳　　　银心　　　旋臂

▲银河系简单轮廓图

数千个星团和星云组成的、直径大约为 10 万光年、中心厚度约为 1 万光年、包含太阳系的巨大旋涡星系（最新研究结果显示，银河系是一个棒旋星系而不仅是一个普通的旋涡星系）。从外形上看，银河系是一个中间厚、边缘薄的扁平圆盘状体，看起来就像是空中的一个巨大铁饼。从构成方面来讲，银河系大体上由银盘、核球、银晕和暗晕 4 个部分组成。银盘是银河系恒星分布的主体，呈扁平圆盘状，直径大约是 8.2 万光年；核球是银河系中恒星分布最为密集的区域，大约呈扁球状；银晕是一个由稀疏分布的恒星和星际物质组成的区域，大体呈球形地包围着银盘；在银晕之外，还有一个范围更大的物质分布区被称为暗晕，也叫作银冕，但其中的物质究竟是什么，目前还不得而知。

　　以太阳作参照物，银河系的质量大约是太阳的 1 万亿倍，太阳处在与银河系中心距离大约 27700 光年的位置，以每秒 250 千米的速度围绕银河系的中心旋转，旋转一周大约需要 2.2 亿年。此外，银河系还有两个伴星系，分别是大麦哲伦星系和小麦哲伦星系。那么，银河系的年龄究竟是多大呢？目前的主流观点认为，银河系在宇宙大爆炸后不久就诞生了，由此推算，银河系的年龄不会低于 136 ± 8 亿岁。与之相比，地球生命的存在时间，真是不值得一提。

广袤银河中，人类居住在太阳系

你知道地球上所有海滩和沙漠上的总沙粒数是多少吗？最新科学研究发现，宇宙中恒星的数目大概就是地球上这些沙粒的总

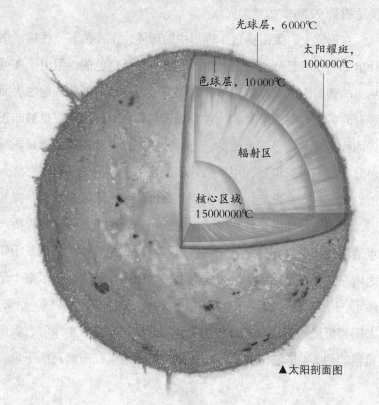

光球层，6 000℃

太阳耀斑，1 000 000℃

色球层，10 000℃

辐射区

核心区域 15 000 000℃

 ▲太阳剖面图

数。而地球上所有生命现象所依赖的太阳，就是这广袤恒星群中的一员。

恒星是由炽热气体组成的能自己发光的球状或类球状天体。因此，作为银河系里众多炽热气体星球的一员，太阳看上去并没有明显的界线，如同一个燃烧着的大火球。天文观测和研究显示，太阳是于47.5亿年前在一个坍缩的氢分子云内部形成的。而现在，太阳已经是一个直径大约139万千米（相当于地球直径的109倍）、质量大约 2×10^{30} 千克（相当于地球质量的33万倍）、约占太阳系总质量99.86%的"大火球"。

在形状上，太阳接近于理想中的球体，但还稍有一些扁，估计扁率为900万分之一。此外，太阳本身是白色的，但由于在可见光的频谱中以黄绿色的部分表现得最为强烈，因此从地球表面观看时，大气层的散射就让它看起来是黄色的，因此它也被非正式地称为"黄矮星"（矮星，光谱分类中光度级按照由强到弱顺序分在第五级的恒星，用罗马数字 V 表示）。由于一直在燃烧，所以太阳一直在发光。可太阳究竟靠燃烧什么来发光的呢？要知道，太阳1秒钟燃烧释放出的能量就相当于燃烧几百亿吨煤所产生的能量，如果它只是一个用普通燃料做成的球体，那么数千年之内它就会燃烧殆尽了。可实际上，太阳已经持续燃烧了数十亿年了。这个问题，直到20世纪中叶以后，人们才彻底弄懂。原来，太阳和恒星的能量都来自核能的释放。从化学组成上来看，太阳质量的约3/4是氢，剩下的几乎都是氦，当氢在高温高压下聚变成氦时，就会释放出巨大的核能。因此，太阳才能在那么长时间内持续燃烧。

太阳是磁力非常活跃的恒星，它支撑着一个强大、年复一年不断变化的磁场。太阳磁场会导致很多影响，如太阳表面的太阳黑子、太阳耀斑、太阳风等，这些都被称为太阳活动。虽然太阳距地球的平均距离是1.5亿千米，但太阳活动还是会对地球人的生活造成影响，如扰乱无线电通信等。

以太阳为中心，太阳和它周围所有受到太阳引力约束的天体构成了一个集合体，这个集合体就是太阳系。目前，太阳系内主要有8颗行星，至少165颗已知的卫星，5颗已经被辨认出来的矮行星和数以千计的太阳系小天体。这些小天体包括小行星、柯

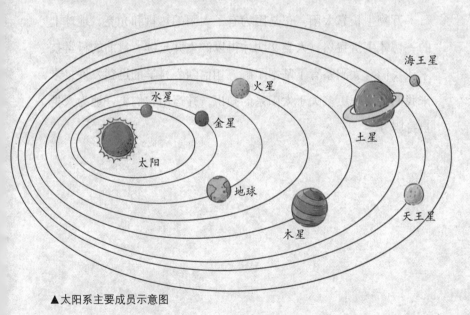

▲太阳系主要成员示意图

伊伯带的天体、彗星和星际尘埃。依照到太阳的距离，太阳系中的8大行星依次是水星、金星、地球、火星、木星、土星、天王星和海王星，其中的6颗行星有天然的卫星环绕着，在太阳系外侧的行星还被由尘埃和许多小颗粒构成的行星环环绕着。除了地球之外，在地球上肉眼可见的行星（水星，金星，火星，木星，土星）在中国都以五行为名，其余则与西方一样，以希腊和罗马神话故事中的神仙为名。此外，像地球的卫星是月球一样，太阳系中其他行星也有自己的卫星环绕，如木星的伽利略卫星木卫一（埃欧）、木卫二（欧罗巴）、木卫三（盖尼米德）、木卫四（卡利斯多）和土星的卫星土卫六（泰坦），以及海王星捕获的卫星海卫一（特里同）。

万物生长靠太阳。正是因为有了太阳的热量和光亮，地球上的一切才生机盎然，人类文明才得以产生并延续。目前的科学技术让我们对太阳系有了基本了解，相信随着科学的迅猛发展，未来我们会发现更多关于太阳系的知识，并运用它们更好地为人类自身服务。

我们知道宇宙在膨胀，却弄不懂金字塔

哈勃的观测

我们现在所处的宇宙，是什么状态？

目前，科学界普遍认可的宇宙模型是大爆炸模型，也就是说宇宙正在膨胀。此外，他们还认为从大爆炸开始后，宇宙已经膨胀了 130 多亿年。这一重大问题的发现，得益于哈勃的观测。

爱德温·鲍威尔·哈勃，1889 年 11 月出生于美国密苏里州。1906 年，17 岁的哈勃高中毕业后获得芝加哥大学奖学金，前往芝加哥大学学习。大学期间，他深受天文学家海尔启发，开始对天文学产生浓厚兴趣，在该校时即获数学和天文学的校内学位。1910 年，21 岁的哈勃从芝加哥大学毕业后，前往英国牛津大学学习法律，并于 23 岁获文学学士学位。1913 年，哈勃在美国肯塔基州开业当律师，但由于对天文学的热爱，不久后他就放弃律

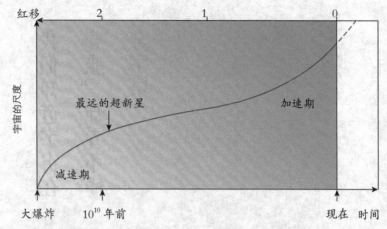

▲宇宙的膨胀速率在大爆炸以后变化了很多。最初，膨胀减速，正如大多数科学家认为应当的那样——因为引力作用。但是后来，一种新的力起主导作用并使宇宙膨胀加速。

师职业，于1914年返回芝加哥大学叶凯士天文台攻读研究生，并于1918年获得博士学位。随后，在获得天文学哲学博士学位和从军两年后，1919年哈勃接受海尔的邀请，赶赴威尔逊天文台（现属海尔天文台）工作。此后，除第二次世界大战期间曾到美国军队服役外，哈勃一直在威尔逊天文台工作。

当时的天文学界，虽然牛顿已经提出了引力理论，表明恒星之间因引力相互吸引，但没有人正式提出宇宙有可能在膨胀。甚至那些相信宇宙不可能静止的人，非但没有想到这一层，反而试图修正牛顿的理论，使引力在非常大的距离之下变成排斥的。这种做法，能够使无限分布的恒星保持一个平衡状态，即临近恒星之间的吸引力会被远距离外的恒星带来的斥力所平衡。但显而易见，这种平衡态是非常脆弱的，一旦某一区域内的恒星稍微相互靠近一些，它们之间的引力就会增强，当超过斥力的作用便会使这些恒星继续吸引到一块去。

简言之，由于长时间以来人们都习惯了相信永恒的真理，或者认为虽然人类会生老病死，但宇宙必须是不朽的不变的。所以，即便牛顿引力论表明宇宙不可能静止，且实际情况又表明宇宙中的恒星没有落到一处去，人们依然不愿意考虑宇宙正在膨胀。正是在这样的背景下，哈勃做出了一个里程碑式的观测。

20世纪初，哈勃与其助手赫马森合作，在他本人所测定的星系距离以及斯莱弗的观测结果基础上，最终发现了遥远星系的现状，即无论你往哪个方向上看，远处的星系都在快速地飞离我们而去。这个结论直接表明了，宇宙正在膨胀。随后，哈勃又提出了星系的退行速度与距离成正比的哈勃定律。

哈勃的观测及哈勃定律的提出，为现代宇宙学中占据主导地位的宇宙膨胀模型提供了有利证据，有力地推动了现代宇宙学的发展。此外，哈

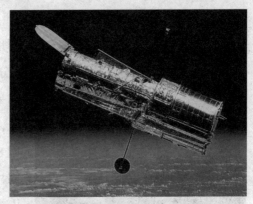

▲哈勃太空望远镜重约11吨，有一个直径为2.5米的碟形盘。因1990年第一次发射时的镜片形状不当，不得不于1994年进行了更换。

勃还发现了河外星系的存在，是河外天文学的奠基人，并被天文学界尊称为"星系天文学之父"。为纪念哈勃，小行星2069、月球上的哈勃环形山及哈勃太空望远镜都以他的名字来命名。

望远镜中的宇宙

我们现在从望远镜中看到的宇宙，就是这一时刻的宇宙景象吗？

答案是否定的。此时此刻，你从望远镜中观测到的宇宙，其实只是它过去的样子，至于它此刻到底发生了什么，我们无从知道。望远镜，其实就像是一台时间机器，将我们带入了宇宙的过去，我们观测得距离越遥远，看到的宇宙景象就越古老。

试着想一下吧！宇宙中的长度单位是光年，在真空中光一年传播的距离可以达到9.5万亿千米。按照这个速度来看，从太阳

到地球，光只需要走不到8分钟的时间。也就是说，如果此刻我们看到了太阳光，那么这束光其实是太阳8分钟之前就发出的。同样的道理，地球距离半人马座α星的距离是大约4.22光年，因此我们此刻看到的比邻星也是它4年

▲美丽的星空

多前的影像。如此一来，我们看到的，不就是过去的宇宙吗？

当然了，几年的时间，跟那么多恒星几百亿年的生命历程相比是微不足道的，宇宙中多的是距离我们几百万光年、几千万光年甚至是几亿光年的天体。当我们从望远镜中看到它们的时候，事实上从它们发出的光线已经在宇宙中传播了几百万年、几千万年甚至几亿年。也就是说，我们现在从望远镜中看到的天体的景象，其实已经过去了很长很长的时间，甚至我们看到的一些恒星，很可能早就在茫茫宇宙中消亡了，但从它传出的光线还在浩瀚的宇宙中不断传播，远远没有到达地球。因此完全可以说，天体离我们的距离越远，我们看到的它们的影像就越古老。

对天文学家来说，找出协调所有科学理论的大统一理论，由此来推断宇宙的过去和未来，弄清楚生命起源和宇宙起源的奥秘，是一切科学理论的终极目标。而人的寿命不过区区数十年，人类文明史也不过区区几千年，跟已经存在了130多亿年的宇宙相比，甚至跟已经存在了几百万年、几千万年的恒星相比，简直不值一提。对地球上的人类来说，我们无法像观看春华秋实一样目睹、观察一颗恒星的完整生灭过程，更无法由此来得出更多有用的关于宇宙的信息。所以，观察这些离我们超级远的星星，甚至是已经消亡的星星，等同于在研究宇宙的过去，它可以帮助人类更好地探寻天体是如何进化的，并由此得出宇宙诞生之初的某些信息。

所以说，要了解宇宙的过去，只要观测更远的天体就可以了。

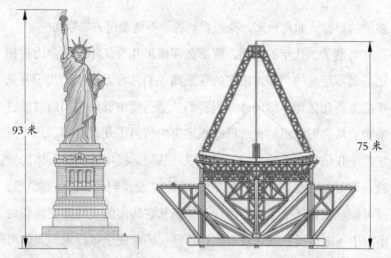

93 米

75 米

▲瑞典的欧洲50望远镜设计得几乎与自由女神像一样高，包含有分割的50米直径的镜片。这样的望远镜可使天文学家能够看到宇宙中最模糊的物体。

当然，这一目标的实现要依赖于人类不断发展的科技水平，依赖于更加先进的望远镜。

金字塔之谜

作为世界七大奇迹之一，埃及人建造的金字塔显示出了当时的人类令人惊异的天文知识，成为至今仍难以解开的谜团。

古埃及是世界上历史上最悠久的文明古国之一，而埃及人建造的金字塔，更以其精湛的建筑技术、精确的定位技术，成为让建筑技术发达的现代人都惊叹不已的大工程。作为古埃及法老的陵寝，金字塔建造于沙漠之中，大体分布在尼罗河两岸，结构精巧，外形宏伟，是埃及的象征。

在诸多埃及金字塔中，首都开罗郊外的胡夫金字塔，是最著名的。这不光是因为它是所有金字塔中最大的，还因为它包含了诸多丰富的天文知识和数学知识。例如，用胡夫金字塔的底部周长除以其高度的两倍，得到的商值是3.14159，也就是圆周率 π，这个精确度超过了希腊人算出的圆周率3.1428；塔内部的直角三角形厅室，各边之比为 3：4：5，体现了勾股定理的数值；塔总重约为6000万吨，若乘以10的15次方，刚好是地球的重量；塔高度的10亿倍，恰好是地球到太阳的距离；塔底边长230.36米，是361.31库比特（埃及度量单位），这大约是1年的天数；塔底面正方形的纵平分线延伸至无穷远处，刚好是地球的子午线，而且这条纵平分线不但把地球上的陆地和海洋恰好分成了两半，也把尼罗河口三角洲平分成了两半；塔的中心刚好位于各大陆引力的中心。

对于胡夫金字塔内如此多面而又精确的数据，人们不仅奇怪：难道埃及人在远古时代就已经能够进行如此精确的天文与地理测量，拥有如此发达的天文学知识了吗？这样看来，金字塔是否可能是外星人遗留在地球上的建筑物，或者干脆就是上一个世代地球高度文明遗留的遗产？

当然，这些大胆浪漫的猜测并无确凿的根据，却给埃及金字塔蒙上了更多神秘的面纱，也更加剧了人们研究金字塔的热情。1862年，美国天文学家艾尔文·卡拉克用当时最大的望远镜发现了天狼星是甲、乙双星组成的，甲星是全天第一亮星，

乙星一般被称为天狼星的伴星，是体积较小、无法被肉眼看到的白矮星。但人们在金字塔的经文中，竟然发现了对天狼星双星系统的记录。此外，1974年还有学者提出，美洲阿兹特克冥街上的金字塔和神庙等物刚好构成了一副迷你版的太阳系模型，在这副模型中，人们甚至可以看到直到1930年才发现的冥王星的轨道数据。

当然，关于埃及神秘的金字塔，一直众说纷纭。实际上，关于为什么建造金字塔、什么时候建造的、具体是如何建造的，以及其中为何包含那么多今天人们才观测到的宇宙数据，这些问题时至今日仍然是未解之谜。金字塔到底是外星人留在地球上的建筑物，还是上个世代地球文明的遗产，目前我们还不得而知。不过，相信终有一天，当我们的科技水平足够发达，天文知识越来越丰富，对宇宙的认知越来越清晰时，那些隐藏在金字塔数据中的"天文巧合"或许就能得到清晰的解答，金字塔也能最终揭开神秘的面纱。

第二章

空间和时间

就算物质都毁灭，时空依然相互独立存在

羽毛和铁块为何同时落地

运动到底是怎样产生的？在伽利略和牛顿之前，人们关于物体运动的观念来自亚里士多德。

在亚里士多德看来，宇宙中所有物体都有其自然位置，也就是处在完美状态的位置，而物体通常都倾向于保持在完美状态的位置上。所以，一般情况下物体都固定于自然位置，一旦被移离其自然位置，物体就会倾向于返回其自然位置。他认为，这个自然位置即是静止状态。也就是说，物体通常情况下都保持静止，只有在受到力或者冲击下才会运动。很明显，在亚里士多德的观念中，力是维持物体运动的原因。

那么，从相同高度、同一时间抛下羽毛和铁块时，哪一个先落地？亚里士多德认为，一定是铁块先落地，因为重的物体受到的将其拉向地球的力更大。这一度成为人们信奉的"真理"，它看起来非常符合人们的直觉思维，即重物比轻物下落得更快。

在"重物下落得更快"的观点之外，亚里士多德还固执地认为，仅仅依靠纯粹的思维，人们就可以找出所有制约宇宙的定理，完全不需要用实践去检验。由于他的这个观点，很长一段时期内，没有人想到过要用实验来验证不同重量的物体是否确实以不同的速度下落，直到伽利略的出现。

据说，为验证亚里士多德的观点，伽利略曾在比萨斜塔上做了释放重物的实验，最终证明亚里士多德是错误的。虽然这个故事的可信度非常低，但伽利略确实为此做了一些实验。

伽利略做了一个跟物体垂直下落相似的实验，即让不同重量的物体沿着光滑的斜面滚下。这时候，由于物体下落时的速度比垂直下落时更小，所以观测起来更容易。一个简单

▲ "它们看起来是同时落地的"，伽利略从比萨斜塔上丢下两个重量不同的铅球。图为伽利略在众人注视下演示的著名实验之一。

的例子可以说明伽利略的实验：在一个沿水平方向每隔 10 米就下降 1 米的斜面上释放一个小球，不管这个小球有多重，1 秒钟后小球的速度是 1 米 / 秒，2 秒钟后小球的速度是 2 米 / 秒，依此类推。所以，伽利略的观测结果显示出，不管物体的重量是多少，它们沿斜面下滑时速度增加的速率是一样的。也就是说，亚里士多德"重物比轻物下落得更快"的结论是错的，羽毛和铁块应该是同时落地的。

当然，现实生活中我们会发现，铁块确实要比羽毛下落得快些，这是由于有空气阻力，空气阻力将羽毛的速度降低了。如果我们释放两个不受任何空气阻力的物体，那么无论它们的重量是多少，它们总是以同样的速度下降。这个结论随后得到了证实：航天员大卫·斯各特在没有空气阻力的月球上进行了羽毛和铁块的实验，结果发现两者确实是同时落到月球表面上的。

由此人们知道了，力并不是维持物体运动的原因，而是改变物体速度的原因。正是在伽利略这个实验结论的基础上，牛顿展开了更深入的思考和研究，并最终提出了著名的牛顿三大定律和万有引力定律。

牛顿的万有引力定律

在伽利略尝试用实验来研究物体的运动与力的关系后，牛顿以伽利略的实验为基础，提出了三条运动定律及万有引力定律，从而规定了行星的运动轨道。

在牛顿看来，力的真正效应是改变物体的速度而不是仅仅使之运动，这就意味着，只要物体不受任何外力的作用，它就会一直保持静止或以相同的速度保持直线运动。这正是牛顿第一定律的内容。

与牛顿第一定律运动是由施加了某些力而引起的不同，牛顿第二定律指出，作用在物体上的力等于该物体的质量与其加速度的乘积。也就是说，如果施加在物体上的力加倍了，那么物体的加速度就会加倍；若力不变，物体的质量增大为原来的 2 倍，加速度则会变成原来的一半。这就好比一辆小轿车，发动机越强劲有力，其加速度就越大；若发动机不变而小轿车变重，那么加速度就会变小。

牛顿第二定律进一步解释了，为何羽毛和铁块会同时落地。对高空抛下的物体而言，如果忽略空气阻力，它所承受的外力来自与自身质量成正比的重力，而这个外力所产生的加速度是与外力的大小成正比而与质量成反比的。因此，重的物体一方面确实可以获得较大的外力，但另一方面也会由于自身的质量而无法获得较大的加速度。所以，在没有空气阻力的情况下，相同高度抛出的羽毛和铁块会以相同的加速度落向地面，所经历的时间自然也是相同的。

牛顿第三定律说的是，当一个物体对另一个物体施加一个力时，另一物体也会对该物体施加同样大小、方向相反的力。简单来讲就是，每个作用力都有与之相对的大小相等、方向相反的反

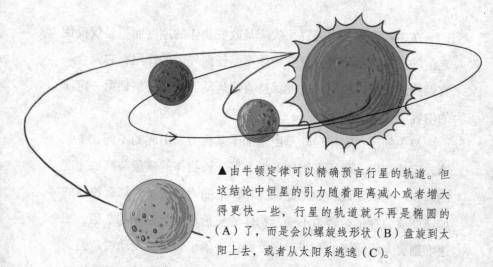

▲由牛顿定律可以精确预言行星的轨道。但这结论中恒星的引力随着距离减小或者增大得更快一些，行星的轨道就不再是椭圆的（A）了，而是会以螺旋线形状（B）盘旋到太阳上去，或者从太阳系逃逸（C）。

作用力，就像我们用力推墙时，墙壁也会同时给我们一个同样大小的反作用力。

第一章我们讲到过，在开普勒发现行星运动三大定律之后，牛顿运用引力定律解释了为何行星要绕太阳运行。事实上，正是在牛顿三大定律的基础上，牛顿提出了万有引力定律，即自然界中任何两个物体间都存在着相互吸引力，引力与每个物体的质量成正比，与它们之间的距离成反比。

由牛顿引力定律我们得出，一个恒星的引力是一个类恒星在距离小一半时的引力的 1/4。这个结论极其精确地预言了地球、月球和其他行星的轨道。人们发现，如果这结论中恒星的引力随着距离减小或者增大得更快一些，行星的轨道就不再是椭圆的了，而是会以螺旋线形状盘旋到太阳上去，或者从太阳系逃逸。

牛顿的运动定律和引力定律，解释了我们所知的宇宙中几乎所有的运动，从球棒击打棒球产生的运动到星系的运动。与此同时，伴随着其运动定律的提出，另一个问题也浮出水面，即由运动定律可以得出，不存在唯一的静止标准。接下来，牛顿将为这个观念困惑不已，而爱因斯坦则在其基础上提出了著名的相对论。

无论怎么测量，光速数值始终不变

光速一开始被认为是无限的。很多早期的物理学家，如弗兰西斯·培根、约翰内斯·开普勒和勒内·笛卡儿等，都认为光速无限。不过，伽利略却认为光速是有限的。1638 年，他让两个人提着灯笼各爬到相距约一千米的山上，让第一个人掀开灯笼，并开始计时，对面山上的人看见亮光后也掀开灯笼，等第一个人看见亮光后，停止计时。这是历史上非常著名的测量光速的掩灯方案，但由于光速实在太快了，地面上的测量很难捕捉到，因此实验并没有成功。

由于宇宙广阔的空间为测量光速提供了足够大的距离，因此，光速的测量首先在天文学上取得了成功。1676 年，丹麦天文学家欧尔·克里斯琴森·罗默首次测量了光速。当时，他凭借研究木星的卫星木卫一的视运动，首次证明了光是以有限速度传播，而非无限。不过，由于他在求值过程中利用了地球的半径，而当时人们只知道地球轨道半径的近似值，所以求出的光速数值只有214300km/s。不过，这个光速值虽然距离光速的准确值相去甚远，却是光速测量史上的第一个记录，仍值得人铭记。当然，在欧尔·克

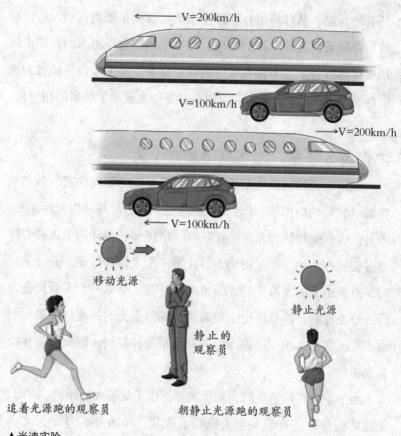

移动光源

静止的
观察员

静止光源

追着光源跑的观察员

朝静止光源跑的观察员

▲光速实验

里斯琴森·罗默之后，许多科学家采用不同的方法对光速进行了测量，得出了越来越接近准确值的光速数值。而在近两百年后的1865 年，英国物理学家詹姆士·麦克斯韦首次提出光是一种电磁波，用波动的概念描述了光的传播过程。

接下来的 1887 年，美国物理学家阿尔伯特·迈克耳孙和爱德华·莫雷在做光的实验时，赫然发现了光速的一个奇特之处。我们知道，如果一个人以 100 千米的时速驾驶一辆汽车飞驰，此时他看到身旁有一辆以时速 200 千米行驶的列车，那么，他会发现什么？有基本物理常识的人都知道，如果汽车与列车行驶方向相同，那么人对列车的目测速度就是时速 100 千米；但如果汽车与列车的行驶方向相反，那么人对列车的目测速度就会是时速 300 千米。这个结论几乎适用于地球上的一切事物，但并不适合光速。

迈克耳孙和莫雷对光的实验结果说明了光速并不遵循这一规律。仍以上述汽车和列车为例。按理说，由运动光源发出的光速肯定比由静止光源发出的光速更快。此时，如果运动中的光相交，那么目测速度就应该是两者速度之和。但实际上，实验结果却显示，无论是在运动中或者处于静止中，光的行进速度都是恒定的。也就是说，你把手电放在静止的地面上让其发出光，和你拿着手电一边跑动一边让手电发出光，两者的光速是一样的，丝毫没有因为手电的运动状态而改变。由此也能得知，当人们测量光速时，无论我们自身是运动的还是静止的，测量出的结果都是不变的。也就是说，无论测量者本身如何变化，或者光源本身如何变化，光速始终是恒定不变的。

现在看来，无论怎样测量，数值都不变的光速，似乎是"绝对"的，亘古不变的。也正是在这个结论的基础上，爱因斯坦提出了相对论，揭开了宇宙学研究的新篇章。

绝对时间和绝对空间

绝对时间和绝对空间的概念，来自大科学家牛顿。

什么是绝对时间？在其著作《自然哲学的数学原理》中，牛顿对时间做了如下描述："绝对的、真正的和数学的时间自身在流逝着，且由于其本性而在均匀地、与任何外界事物无关地流逝着。"

在牛顿看来，时间对任何人来说都是一样的，从不逗留，也不会停滞。一个很明显的事实是，时间与人类或者其他任何物体都毫无关联，无论我们采取怎样的方式来计算，时间都在以同样的速度流逝着，毫无改变。正因为如此，很多学者文人为"时间"留墨，慨叹时间永恒流逝而人生短暂。从这样的感觉出发，不可挽留和不可停滞的时间，就叫作绝对时间。

如果你从一个国家到另一个国家，你需要调整自己的钟表来适应当地的时间。那么，假如这一刻世界上所有的钟表都消失了，时间会怎么样呢？答案就是，时间依然存在并将继续行走下去。将范围扩大一点，假如全部的原子或粒子和钟表一起消失了，时间又会怎么样呢？或者更严重一点，假如地球、太阳、银河系甚至整个宇宙都消失了，时间会怎么样呢？或许有人会认为，既然整个宇宙都消失了，一切都不存在了，那时间肯定也不存在了。

但在牛顿的绝对时间观念中，即便整个宇宙都消失，时间依然独立存在着，无关任何人和事，且将永远存在。

那么，绝对空间又是什么呢？同样在牛顿的《自然哲学的数学原理》一书中，牛顿这样描述绝对空间："绝对的空间，就其本性而言，是与外界任何事物无关且永远是相同的和不动的。"

跟绝对时间一样，绝对空间也是独立于任何事物而独立存在的。就像一个舞台一样，即便没有演员上台表演，舞台依然独立且永远地存在着。为了证明绝对空间的存在，牛顿还专门构思了

▼时间是否永恒

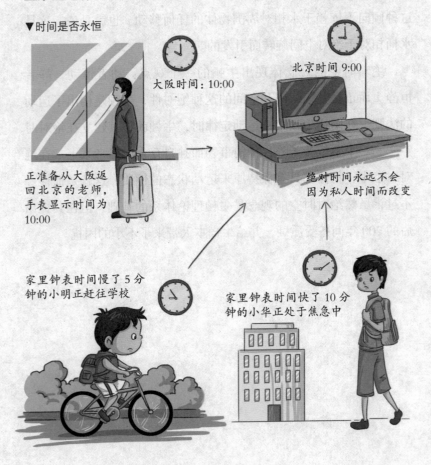

大阪时间：10:00

北京时间 9:00

正准备从大阪返回北京的老师，手表显示时间为10:00

绝对时间永远不会因为私人时间而改变

家里钟表时间慢了5分钟的小明正赶往学校

家里钟表时间快了10分钟的小华正处于焦急中

一个理想实验，即有名的水桶实验。

在水桶实验中，牛顿假设有一个保持静止的注满水的水桶。之后，用绳子绑住水桶的把手，将水桶吊在一棵树的树枝上，使水桶开始旋转。一开始，水桶中的水仍然保持静止，但不久后它就开始随着水桶一起转动，水面会渐渐脱离其中心沿着桶壁上升而形成一个凹状。牛顿认为，水面形成凹形是水脱离转轴的倾向，这种倾向不依赖于水相对周围物体的任何移动。也就是说，这是水桶相对于绝对空间旋转而引发的。

绝对时空的观念体现出牛顿的一个观点：动者恒动，静者恒静。而正是基于时间和空间的这种绝对性，牛顿建构出了运动的法则。在阐述牛顿第一运动定律时，牛顿就将其建立在绝对时空——一个不依赖于外界任何事物而独自存在的参考系上。在绝对时空中，物体都具有保持原来运动状态的性质，这就是惯性。不过，虽然绝对时空的观念是牛顿理论体系的基础，但在其提出后的 200 年间备受质疑，并给牛顿本人带来了不小的困扰。

一切都是相对的，时间和空间是相结合的

光的媒介是像风一样的以太吗？

虽然牛顿的绝对空间观念已漏洞百出，但它依然吸引着一些科学家去寻找。其中，最著名的就是美国物理学家阿尔伯特·迈克耳孙和爱德华·莫雷的实验。

其实，在麦克斯韦发现光是一种电磁波的时候，他就提出，射电波或者光波应该以某一种固定的速度行进。由于牛顿定律已经摆脱了绝对静止的观念，因此，如果假设光以某种固定的速度行进，就必须说清楚这固定的速度是相对于何物来测量的，或者说，存在着某种传导光波的媒介。

由于光被认为是一种波，而波本身是一种传导的媒介物，因此大家相信肯定存在另外一种能传导光波的媒介。媒介，就是波在传导时必需的一种物质。简单来讲，如果你朝水里扔一颗石头，

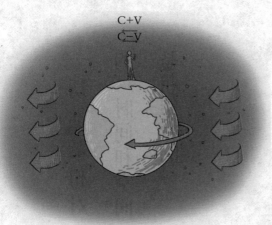

C+V
C−V

▲若以太存在，则我们在地球上测得的光速也应该随着以太风的风向改变而改变。

水面会立刻泛起一圈一圈的波纹，这可以表明波的存在。这个时候，对水中的波纹来说，水就是媒介。另外，我们听到的声音也是一种波，而充斥在我们周围的空气就是声波的媒介，这样我们才得以相互对话。很多时候，身处空气稀薄的高原地带时，人们相互间的对话会很困难，就是因为在偏真空的状况下，声音也很难传播。

在寻找光波的媒介时，人们提出了以太的概念。以太是一种物质，它无所不在，甚至存在于广袤"空虚"的真空里。人们认为，就像声波通过空气行进、水波通过水面行进一样，光波应该通过以太行进。如果缺少了以太，光波就无法传播。因此，按照麦克斯韦的理论，光波的"速度"必须相对于以太来测量。此时，不同的观察者将会看到，光以不同的速度射向他们，但光相对于以太的速度是不变的。

要检验这个思想，我们可以做一个想象。假设从某个光源发射出了一束光，正以光速穿越以太向前行进。此时，如果你穿过以太向着它运动，那么你趋近光的速度将是光通过以太的速度和你自身速度的和。而光也将比假设你不动或你沿着其他方向运动更快地趋近你。不过，遗憾的是，由于我们对着光源运动的速度跟光的速度相差太大，所以这个速度差异的测量效应非常困难。

此外，我们知道风是源于空气的运动，在风吹动时，沿同一方向行进的声速会随着风速的增加而增加，而朝着相反方向行进的声速则会随着风速的减慢而减速。同样，在光的传播过程中，这种情况也会发生。也就是说，由于以太是光波传导的媒介，所以光速会随着以太速度的增大而增大，随其减小而减小。与此同时，人们还以为，就算在绝对空间里，也存在这样一种静止状态的以太。如果把地球放在绝对空间里，那么当地球运行时，在地球上的我们就会觉得以太之风正在吹拂着，我们在地球上测得的光速也会随着以太风的方向改变而改变。

当然，可能存在的情况是，由于地球和以太之间有相对运动，所以测量出的光速结果有一定差异。也正因为如此，我们可以通过这样的测量来发现地球与绝对空间正在进行着什么样的运动。在这个思想的指导下，迈克耳孙和莫雷开始了他们的实验。不过，当他们最终发现无论怎么测量光速都是一样时，他们意识到，以太可能并不存在，或者说，绝对空间似乎并不存在。

抛弃以太——光速是恒定的常数

为什么测量出的光速都一样，就说明以太甚至绝对空间不存在呢？

1887 年，美国物理学家阿尔伯特·迈克耳孙和爱德华·莫雷为寻找牛顿所说的绝对空间，开始对不同方向运动的光进行测量。

根据上一节讲到的理论我们知道，当地球在围绕太阳的轨道上穿过以太时，在地球通过以太运动的方向，即当我们向着光源运动时的光速，应该大于与该运动成直角的方向，即当我们不向着光源运动时的光速。可是，当迈克耳孙和莫雷把沿着地球运动方向的光速和与之相垂直方向的光速进行比较时，他们惊讶地发现，两个光速竟然是完全一样的。

随后，迈克耳孙和莫雷又做了好几次实验，但无论怎么测量，测得的光速数值都是一样的。这说明什么呢？按照之前的结论，由于光波是在以太中传播的，光速若不变，就说明以太是静止的。我们知道，光可以在宇宙中的任何地方传播，所以以太应该弥漫了整个空间。而如果以太是不动的，且又弥漫了整个空间的话，那么所有物体的运动都可以看作是相对于以太运动，以太在一定意义上就相当于是绝对空间。

迈克耳孙－莫雷实验，即在地球上对不同方向的光速的测量结果都一样，意味着在以太静止的情况下，地球相对于绝对空间应该是静止的。可是，我们都知道，地球每时每刻都在运动，除了自身的自转和绕太阳的公转，它还会和其他行星一起以太阳系为单位受到银河系的引力影响。就是说，地球不可能是静止的。面对这两个相互矛盾的结果，人们该如何解释呢？

在 1887—1905 年间，很多科学家都在做各种尝试，试图解释迈克耳孙－莫雷实验的结果。当然，当 1905 年，瑞士专利局一位默默无闻的小职员在其论文中提出光速不变原理时，人们才意识到，以太没有存在的必要了。这个小职员，就是爱因斯坦。

▲阿尔伯特·爱因斯坦

爱因斯坦在当年的一篇著名论文中指出，只要人们愿意抛弃绝对时间的观念，那么整个以太的观念就是多余的。在颠覆过去所有猜测和想法的前提下，爱因斯坦提出了一种更合理的解释，即光速不变原理。这个原理的提出，让光的媒介以太失去了存在的必要性。

相对论的基本假设是，无论观察者以任何速度做自由运动，相对于他们自身来说，科学定律都应该是一样的。毫无疑问，这个理论对牛顿的运动定律是适用的，但它的范围更大，扩展到了麦克斯韦的理论和光速上，即由于麦克斯韦理论指出光速具有固定的数值，因此任何自由运动的观察者，不管离开或者趋近光速有多快，他们都一定会测量得到同样的数值。

在狭义相对论中，光速不变原理指的是，无论在任何情形下观察，光在真空中的传播速度都是一个恒定的常数，其数值是 299792458 米 / 秒，这个数值不会因为光源或者观察者所在参考系的相对运动而改变。

当然，光速不变原理也是可以通过联系麦克斯韦方程组来解出的。此外，在爱因斯坦后来提出的广义相对论中，由于所谓的惯性参考系不存在了，所以爱因斯坦引入了广义相对性原理，即物理定律的形式在一切参考系中都是不变的。这样一来，光速不变原理就可以应用到所有的参考系中了。

　　爱因斯坦的相对论舍弃了以太的概念，因为在光速不变的情况下，根本没有必要考虑参考系或传导光波的媒介。而若不考虑以太这一媒介，那么绝对空间也就不存在了。自此，以太逐渐被物理学家们所"抛弃"。

无论何时何地，物理法则永远不变

　　物理定律在一切参考系中都具有相同的形式，这就是我们所说的相对性原理。作为物理学最基本的原理之一，相对性原理指出不存在"绝对的参考系"，即在一个参考系中建立的物理定律，在适当的坐标变换后，可以适用于其他任何参考系。这个原理，最早是由伽利略提出的。

　　在经典物理学开始之初，有过一场激烈的争论：支持哥白尼学说的人认为地球在运动，也就是地动说；维护亚里士多德—托勒密体系的人则认为地球是静止的，即地静说。当时，地静说的支持者提出了一条反对地动说的绝佳理由，即如果地球是在高速运动着的，为什么身处地球之上的我们一点都感觉不出来？

　　针对这个问题，伽利略在 1632 年出版的著作《关于托勒密

▲伽利略·伽利雷

和哥白尼两大世界体系的对话》中，彻底给出了解答。当时，他以一艘名叫"萨尔维蒂"的大船为例，提出了相对性原理，这艘大船的状态是静止或匀速运动的。

伽利略在书中描述了这样一个"生存场景"：你和一些朋友被困在一条大船甲板下的主舱里，你们身边有几只苍蝇和蝴蝶，舱内有一只大碗，碗里放着几条鱼，舱顶上挂着一只水瓶，水滴滴滴答答地滴向下方的一个宽口罐里。

当船停着不动时，你仔细观察，发现苍蝇以相同的速度朝舱内的各个方向飞行，鱼儿在碗里随意地游动，水滴滴进下方的罐中，你抬手扔一个东西给朋友，只要距离不变，向任何方向扔所用的力气都一样。此时，你双脚跳起，无论朝着哪个方向跳，离开原地的距离都是相等的。等这一切都了然于心之后，现在让船以匀速运动，且船也不会忽左忽右地晃动。此时，再观察上述现象，做出上述动作，会出现什么状况？结论是，一切都丝毫没有变化，你无法从任何一个现象来判定船是在运动还是静止。

"萨尔维蒂"大船的例子，说明了一个非常重要的道理，即你无法从船中发生的任何一种现象，判断出船到底处于什么样的运动状态。这个结论就是伽利略相对性原理，"萨尔维蒂"大船就是一种惯性参考系。而以不同的速度匀速运动又不忽左忽右摇摆的物体都是惯性参考系。伽利略认为，在一个惯性参考系中看到的现象，在另一个惯性参考系中同样也能看到，而且分毫不差。

当然，伽利略的相对性原理是适用于力学领域的，而爱因斯

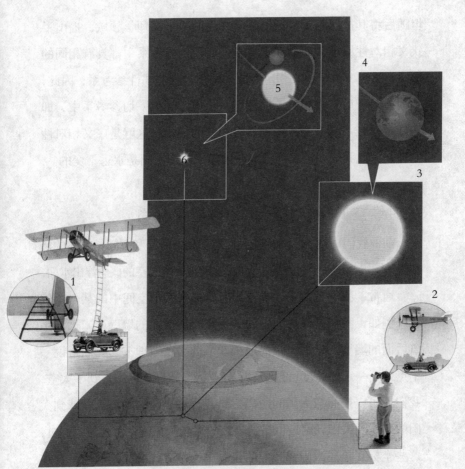

▲相对性原则指出：运动是相对于观测者的观察点的。从运动的汽车中爬上飞机（1）的特技演员看到的飞机是静止的，而地面上的观测者（2）看到汽车和特技演员都正在相对地球以固定的速度和方向运动。位于太阳（3）上的假设的观测者将看到汽车的运动和地面上的观测者由于受到地球（4）自转和环绕太阳旋转（5）的影响也在运动；而位于银河系中心的一颗恒星（6）上的观测者将同时看到太阳环绕星系的运动。

坦随后将其扩展到了包括电磁学在内的整个物理学领域，提出了狭义相对性原理，即物理定律在任何惯性参考系中都具有相同的形式。不过，由于狭义相对性原理并不包括非惯性参考系，因此，爱因斯坦随后又将相对性原理进一步推广到了一切参考系中，即物理定律在一切参考系中都具有相同的形式。这就是广义相对性原理。至此我们知道，无论何时何地，物理法则是永远不变的。

从四维空间里，找出你的时空坐标系

前面我们提到，相对论让我们意识到，时间和空间是一体的，它们共同组成了一个时空的集合体，这使得四维时空的概念浮出水面。

通常，我们可以用 3 个数或者坐标来表示空间中的某一个位置。例如，我们会说房间中的某一点距离前面的墙壁 7 米远，距离后面的墙壁 3 米远，距离地板 5 米远。在地理上，我们常说一个点处于一定的纬度、经度及海拔。当然，如果范围扩大到了太空，我们还可以按照与太阳的距离，离开行星表面的距离及月球到太阳的连线和太阳到附近恒星的连线的夹角来描述一个位置。不过，这些坐标在描述太阳在我们的星系中的位置，或我们的星系在本星系群中的位置时，并没有多大作用。即便如此，我们依然可以用一组相互交叠的坐标碎片来描述我们的宇宙，在每一个碎片中，我们都可以用 3 个坐标的不同集合来指出某一点的位置。

在相对论中，一个事件是在特定的时间和空间、特定的一点发生的某件事，因此我们可以用 4 个数或者坐标来描述它。当然，坐标的选择是任意的，我们不必刻意地总是使用同一个坐标，而是可以利用任何 3 个定义好的空间坐标和时间测度。事实上，在相对论中，时间和空间坐标之间并没有真正的差别，人们可以选择一组新的坐标。例如，为了测量地面上某一点的位置，我们可以利用在北京东北多少里和西北多少里，来代替北京以北多少里和以西多少里去测量，还可以使用新的时间坐标，即旧的时间（以秒为单位）加上往北离开北京的距离（以光秒为单位）。

以上所说的，将时间和空间结合起来创造的空间即为四维空间，即在普通三维空间的长、宽、高三条轴上又多了一条时间轴。在这个四维空间中，许许多多的事情正在发生着，而每件事情都可以用四维空间中的一点来表示。例如，2012 年 12 月 21 日你到图书馆借书，那么借书这个事件就可以用四维空间中的一个点表示出来，借书发生的时间和地点对应着时间点和空间点。

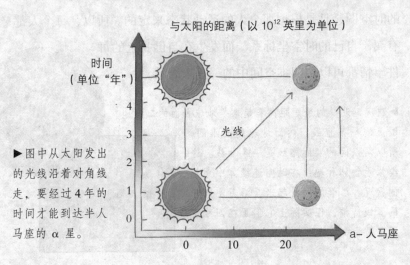

与太阳的距离（以 10^{12} 英里为单位）

▶图中从太阳发出的光线沿着对角线走，要经过 4 年的时间才能到达半人马座的 α 星。

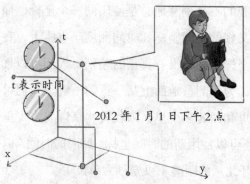

t 表示时间

2012 年 1 月 1 日下午 2 点

▲在相对论中，一个事件在特定的时间和空间发生的，可以用数或坐标来描述。

四维空间是不可想象的。我们很容易画出二维空间图，也能构建出三维空间，可四维空间究竟什么样，还没有人真正见识过。不过，我们可以使用二维图，用向上增加的方向来表示时间，水平方向表示其中的一个空间坐标。像这样不管另外两种空间坐标，或有时通过透视法将其中一个表示出来的坐标图，被称为时空图。

当然，由于并不存在绝对时间和绝对空间，所以不会有唯一的四维空间存在。通常，我们所说的四次元时空图都是因人而异的时空图，且是根据那个人的运动状态来定的。所以，每个人都有属于自己的时空坐标系，而发生在自己身上的每件事情都可以用四维空间中的一点来表示。

▶欧洲到北美的最短距离看起来是地球表面的二维地图上的一条直线。然而地球是三维的，所以两点间的实际路线是一条曲线。这类似于物体和辐射在时空连续体中穿越的状况。尽管它们看起来是沿着空间中的直线传播，但实际上它们正在四维空间里沿曲线运动。

光会被引力场折弯

狭义相对论一个非常著名的推论是：质量和能量是等效的。这被概括为爱因斯坦著名的方程 $E=mc^2$（E 为能量，m 为质量，c 为光速）。爱因斯坦指出，一个物体实际上永远达不到光速，因为那时它的质量会无限大，而根据上述爱因斯坦方程，能量也必须达到无限大。所以说，相对论限制了物体运动的速度，即除了光或没有内禀质量的波，其他任何正常的物体都无法超越光速，只能以等于或低于光速的速度运动。

这样一来，相对论和牛顿理论就产生了不可调和的矛盾。我们知道，牛顿理论指出物体之间是互相吸引的，吸引力的大小依赖于它们之间的距离。这意味着，如果我们移动其中一个物体，那么另一个物体受到的吸引力会马上改变。拿太阳来举例，假设

▲该图根据爱因斯坦的广义相对论形象地展示了行星使时空弯曲的现象。蓝色格子线条代表时空，它们就像是有弹性的橡胶薄层，物质质量的变化则引起了这些线条凹痕大小的改变。

此刻太阳消失了，那么按照牛顿理论，地球会立刻觉察到太阳的吸引不复存在而脱离轨道。此时，太阳消失的引力效应会以无限大的速度到达我们这里，而不像狭义相对论要求的那样，等于或低于光速。

从 1908 到 1914 年，爱因斯坦一直在寻找一种能协调狭义相对论和引力理论的理论。1915 年，在经过近十年的思考研究之后，他终于提出了广义相对论，使得狭义相对论和引力论得以相互协调。

爱因斯坦在广义相对论中提出了一个革命性的设想，即引力并不是我们以前认为的平坦时空中的力，而是不平坦时空这一事实导致的结果。广义相对论提出，在时空中的质量和能量的分布使得时空产生弯曲或者"翘曲"。像地球这样的物体并非是受到称为引力的力的作用而沿着轨道运动，而是沿着弯曲轨道中最接近直线路径的东西运动，这个东西被称为测地线。测地线是相邻两点之间的最短（或最长）的路径。例如，地球表面是个弯曲的二维空间，地球上的测地线被称为大圆，赤道就是一个大圆。

在广义相对论中，虽然物体总是沿着四维空间的直线走，但在三维空间里看来，它还是沿着弯曲的路径走。举例来说就是，一架在山地上空飞行的飞机是沿着三维空间的直线在飞，但它在二维地面上的影子却是沿着一条曲线来走的。

由此我们知道，太阳的质量正是以这样的方式弯曲了时空，使得在四维时空中地球虽然沿着直线的路径运动，在我们看来却是沿着三维空间中的一个椭圆轨道运行。在这一点上，广义相对论和牛顿引力的预言几乎完全一致，它们都能准确地描述行星的轨道。但人们随后就发现，一些行星和牛顿理论预言的轨道偏差与广义相对论非常符合，由此验证了广义相对论的正确性。

时空是弯曲的事实意味着，光线并不像在空间中看起来那样沿着直线行走。事实上，光线在时空中也必须遵循测地线，即广义相对论预言光会被引力场折弯。按照这个预言，由于太阳质量的缘故，在太阳附近的光的路径会稍微弯曲。这意味着，从遥远恒星来的光线在恰好通过太阳附近时会偏折一个角度，使得在地球上的观测者看来该恒星出现在了不同的位置上。

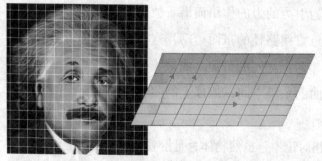

▲在平坦宇宙中，平行线将永远平行，物质，比如宇宙中的星系的平均分布将呈现在我们面前，就如它的本来面目。这一假设状态通过爱因斯坦的图像得到了证明：在平坦的几何结构下，不发生任何扭曲。这一几何状态被直到现在为止对于深空的研究结果所证实。现在，天文学家相信，宇宙的膨胀并非在减速，而是在加速中。

▲在开放宇宙的情形下，空间有着双曲面的形状，像马鞍一样。在这样的几何结构下，平行线最终背离。如果这种形状下图像被投影到平坦表面上，我们能够看到与球面上相反的扭曲：图像的中心被拉伸，外围被压缩。这意味着遥远星系看起来将比邻近星系更致密。

▲闭合宇宙的几何形状如这里的半球和变形的爱因斯坦的图片所示（他本人并不相信宇宙是处于膨胀中的）。在球面上，平行线相交。如果爱因斯坦的标准图像被投影到球面上，再重新绘制到平面（就如我们在球面上看到的那样）上，脸部的四周将被拉伸，而中心被压缩。这支持了关于闭合宇宙中遥远星系将比邻近星系看起来密度更低的见解。

1919 年，一支英国探险队从西非观测到了日食，证明了光线确实像理论预言的那样会被太阳偏折。由此，人们更加肯定了广义相对论的正确性。

变慢的时间

科幻电影中有这样的情节：一个人坐着宇宙飞船去太空旅行，几年后回到地球却发现时间已经过了几百年。这听起来很匪夷所思，但却是科学理论之下的推断。狭义相对论告诉我们，对相对运动的观察者们来说，时间推移得不一样。换句话说就是，运动中的钟表会变慢。这就导致了双生子吊诡现象的出现。

我们通常会以为，两只一模一样的钟表，其每时每刻表针的走动都是一样的，所显示的时间也应该是一样的。可事实上，下面的实验会告诉你，即便是相同的钟表，当它们本身的运动状态不同时所显示的时间也会是不同的。

实验开始之前，需要先在天花板上吊上一个挂有镜子的箱子，同时在地板上放置一个光源。这样一来，当光从光源向上射出时，就会从天花板的镜子上反射回地板。这里，钟表会把光从地板射出并返回地板的时间定为一个单位时间。

我们知道，当箱子静止时，如果用镜子离地面的高度除以光速，就能得出光由地板到达天花板所需的时间，用结果乘以 2，就能得到光往返所需的时间。那么，假设现在让箱子以一定的速度做匀速直线运动，箱子里的人会有什么感觉呢？他是否还是会

看到，光先从地板上垂直向上运动，到达天花板被反射后垂直向下运动，然后到达地板？而且，同样的一个光线反射过程，在房间里静止不动的人看来，情形又怎样呢？

事实上，当箱子运动时，由地板发出的光，看起来会随着箱子本身的运动倾斜地上升，经天花板上的镜子反射后再倾斜地下降抵达地板。这样一来，跟箱子里的人所见的比起来，箱子外的人看到的情景是，光似乎走了更长的一段距离。也就是说，光多走了箱子运动的那段距离，而房间里的人测得的光的往返时间，就是用他看到的光移动的距离除以光速得到的，其数值无疑要更大一些。

由此我们知道，房间里的人测得的光的往返时间比箱子里的人测得的时间更长。这说明，运动中的钟表在静止的人看来，会比自己的钟表长 1 个单位时间，即运动中的钟表会变慢。

根据以上结论，我们来看看双生子吊诡现象。同时出生的一对双胞胎，A 留在地球上，B 随着一艘宇宙飞船到太空中去旅行。假设 B 所搭乘的太空船速度是光速的 80%，他到达目标恒星需要 5 年，来回需要 10 年。这样，当他最终返回地球的时候，A 就是 10 岁。而 B 呢？由于他以近光速旅行，所以他在飞船上只度过了 6 年的时间，也就是才 6 岁。当然，如果 B 乘坐的太空船速度达到光速的 99%，那么他往返地球可能只需要 1 年时间。

为何 B 会更年轻？毫无疑问，由运动中的钟表会变慢我们得知，以 A 所在的地球为参考物，B 在高速运动，所以测量他的时间的钟表会变慢，他自然就老得慢。可这样一来，一个问题就出现了。根据相对性原理，一切都该是相对的，飞船相对于地球运动，地球同时也相对于飞船运动。这样一来，以 B 为参考物，A 所在的地球就是运动着的。由此，根据运动的钟表会变慢的理论，地球上的 A 就应该衰老得更慢。这两个结论，到底哪一个正确呢？是相对论出了差错吗？

双生子吊诡的真相

爱因斯坦在狭义相对论中指出，没有任何一个参考系是独特和应该获得优待的。因此，旅行后的 B 回到地球后会看到比他更年轻的 A，而身在地球的 A 也抱着同样的想法认为会看到比自己更年轻的 B。那么，真正的答案是什么呢？

事实上，旅行者 B 的想法是错误的。因为狭义相对论指出，并非所有的观测者都有同等意义，只有在惯性系中的观测者，即没有进行加速运动的观测者才有同等意义。我们知道，宇宙飞船在旅行的过程中肯定是加过速的，至少加速过一次，而在加速的过程中，旅行者 B 并不是惯性系。

可以设想，如果 B 乘坐的飞船并没有回航，而是持续往前飞行的话，那么相对于飞船上的他来说，运转中的地球对他没有任何妨碍。此时，对 B 来说，留在地球上的 A 的钟表，无疑会比自己的钟表走得慢一些，A 也就比自己年轻。同样的道理，A 也会觉得 B 应该比自己年轻。此时，虽然 A 和 B 都认为对方的钟表走

得更慢，可由于双方的运动状态是等同的，所以他们各自的观点还是不矛盾的。

　　不过，关键是问题就在下一个地方，即当 B 到达目标恒星后再次返回。我们知道，宇宙飞船如果要回航，就需要转向，而转向时要先减速直到速度为 0，然后再加速返回地球。在这个过程中，飞船的运动状态发生了改变，不再像之前一样跟地球保持同等，

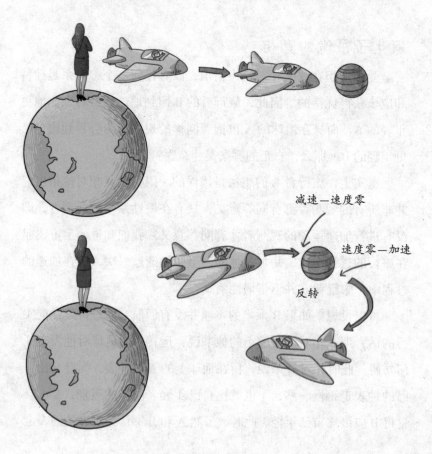

减速—速度零

速度零—加速

反转

旅行者 B 也就不是惯性系。那么，在宇宙飞船运动状态发生改变的这段时间里，对地球而言，飞船是运动的。也就是说，飞船处于运动状态下，所以它的时间会减慢。由此，导致 A 和 B 两人的年龄出现了差异。

在解决双生子吊诡问题时，人们曾认为狭义相对论不适用于加速中的物体，对此只能使用广义相对论。不过，上述分析过程证明了这个观点的错误。而事实上，广义相对论也有一个关于时间的预言，即在像地球这样的大质量物体附近，时间显得流逝得更慢。这是因为，光能量和它的频率，也就是光在每秒钟里波动的次数，存在一种关系，即能量越大，频率越高。所以，当光从地球的引力场往上行进时，它会失去能量，进而频率下降。此时，在上面的人看来，下面发生的每件事就显得需要更长的时间。

1962 年，利用安装在水塔顶部和底部的一对精密钟表，人们检验了这个预言。当时的结果显示，底部更接近地球的钟表走得较慢。这跟广义相对论的预言是一致的。当然，这个效应事实上非常小。和地球表面的钟表相比，在太阳表面的钟表 1 年才大约会走快 1 分钟。不过，随着基于卫星信号的非常精确的导航系统的出现，地球上不同高度的钟表的时间差异在实际应用中要引起重视，如果在实际计算中，人们忽视广义相对论的这个预言，那么计算得出的位置就会相差好几千米。

广义相对论的这个预言同样可以用双生子现象来体现。同样

是一对双胞胎 A 和 B，在同一时间将 A 放在山顶上生活，而 B 留在海平面上生活。那么，山顶上的 A 将比海平面的 B 老得更快一些。如此一来，当他们有生之年再次相遇时，其中一个会比另一个更老一些。当然，这样的年龄差别数值是非常小的。

相对论的提出，革新了我们对空间和时间的理解，让我们看到了一个动态的、膨胀着的宇宙。或许，一个不变的宇宙已经存在了无限久远，并将一直存在下去。但与此相对，一个动态的宇宙似乎拥有有限的过去，并会在将来的有限时间内终结。这就是我们现在的研究任务。

第三章

膨胀的宇宙

用光的波长和颜色来观测远去的恒星

对天文学家来说，恒星的距离实在是太远了，即便通过望远镜也只能看到很小的光点。那么，怎样将不同类型的恒星区分开呢？

1666 年，大科学家牛顿在研究日光时发现，阳光透过玻璃窗射入后会分成几种不同的颜色，而透过三棱镜之后同样会分离出如同彩虹般的七种颜色。

他由此认为，太阳光其实并不是单色光，而是由不同颜色，也就是不同波长的单色光混合而成的复合光。由于三棱镜对不同波长的光有着不同的折射率，因此当太阳光进入三棱镜后，各种颜色光的传播方向就会产生不同程度的偏折，因此在离开棱镜时会各自分散，将颜色按照一定的顺序形成光谱。这种复合光分解为单色光而形成光谱的现象，叫作光的色散。利用色散现象将波长范围很宽的复合光分散开来，成为许多波长范围狭小的"单色光"的过程，叫作"分光"。这里的光谱，就是光学频谱，是复色光通过色散系统进行分光后，按照光的波长大小顺次排列形成的图案，它其中最大的一部分即是人眼可以感知到的可见光谱。

雨后彩虹的形成跟棱镜类似，只不过彩虹是把空中的小水滴当作了一个个棱镜。通常，在可见光中，红光的波长最长，折射率最小，紫光的波长最短，折射率最大。因此，太阳光经过小水滴的折射后，紫色光的方向改变最大，红色光的方向改变最小，因此就形成了赤橙黄绿青蓝紫的七色彩虹。不过，在可见光谱的红端和紫端之外，还存在着波长更长的红外线和波长更短的紫外线，它们都无法被肉眼所觉察，但可以通过仪器加以记录。因此，光谱中除了可见光谱外，还包括红外光谱与紫外光谱。

那么，光谱跟恒星或星系的观测有什么关系呢？正如我们前

▲星系的成长过程在今天的宇宙中仍在继续。在这幅哈勃天文望远镜拍摄的图像里，NGC 2207 星系（左）与 IC2163（右）星系正在相互靠近形成合并。4 000 万年前，IC2163 与这个更大的星系撞开，现在正被拉回。

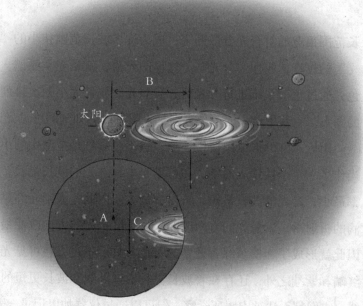

▲我们的太阳距离中心（B）约有2.5万光年，在圆盘上距离星系平面（A）68光年。外圆盘在我们临近（C）的厚度约是1300光年。

面所说，透过望远镜我们只能看到恒星模糊的光点，可如果把望远镜瞄准个别恒星或者星系并且聚焦，却可以观测到恒星或者星系的光谱。一旦观测到恒星或者星系的光谱，就可以确定恒星的温度及大气构成。

通过恒星光谱来确定恒星温度的做法，得益于德国物理学家古斯塔夫·克希霍夫的发现。1860年，古斯塔夫·克希霍夫意识到，任何物体，例如恒星，加热时会发出光或其他辐射，就像煤炭加热时会发光一样。这种炽热物体中的原子的热运动引起的发光，被称为黑体辐射。由于黑体辐射具有一个特殊的形状，这个形状会随着物体的温度而变化，因此能很容易被辨识出来。由此我们知道，炽热物体发射的光其实就像是一个温度读数，而我们从不同恒星观测到的光谱就是该恒星热状态的明信片。

确定恒星大气成分的手段，则来自光谱分析。根据物质的光谱来鉴别物质，确定它的化学组成和相对含量的方法叫作光谱分析。我们知道，每种化学元素都会吸收独具特色的一组非常特殊的颜色，而在观测恒星的过程中，天文学家发现了某些非常特定的颜色缺失，这些缺失的颜色会因恒星而变。因此，把化学元素能吸收的特殊颜色和恒星光谱中缺失的那些颜色相对照，就能确定在那个恒星的大气中存在着哪些元素。

多普勒效应

前面我们讲到，斯莱弗观测发现了星系红移，说明星系正在远离我们。而在 20 世纪 20 年代，当天文学家开始观察其他星系中的恒星光谱时，他们也发现了一个奇异的现象：这些星系中存在着和银河系的恒星一样缺失颜色的特征模式，只不过它们都向着光谱的红端移动了同样的相对量。这同样说明，星系都在远离我们运动。那么，这个结论从何而来呢？

要理解红移和星系远离的关系，我们必须先了解多普勒效应。相信很多人有过这样的经历，站在火车站台上的时候，你会听到火车接近或者远离时的声音变化。通常，当火车由远及近地接近站台时，你会感觉火车的汽笛声变得很响亮，音调很高，而当火车由近及远地离开站台时，汽笛声又慢慢变弱，音调越来越低。对此现象，

坐在火车中的人通常不会有什么感觉，而站在站台上的人却感觉很明显。人们听到的这种火车音调的变化是怎么回事呢？

1842年，奥地利数学家多普勒注意到了火车音调变化这个现象，并对此进行了深入的研究。在多普勒看来，人耳听到的火车音调的变化是由于振源与观察者之间存在着相对运动，这种相对运动导致了观察者听到的声音频率不同于振源频率。我们知道，对火车来说，它的汽笛声音就是一个波，包含一连串的波峰和波谷。当火车朝我们开来的时候，随着它发出的每一个连续的波峰，它与我们的距离越来越近，这样波峰之间的距离，也就是声音的波长，就比火车静止时更短，看起来似乎被"压缩"了。而波长越短，每秒钟达到我们耳朵的波动就越多，声音的音调或者频率就越高，我们就会听到更响亮的汽笛声。与此相对的，当火车离开我们而去，声音的波长就变得较长，看起来似乎被"拉长"了，到达我们耳朵的波就具有较低的频率，听起来汽笛声就逐渐减弱。

多普勒发现的这个频率移动的现象，就叫作多普勒效应。

▼当火车汽笛声趋近观察者时，音调变高，当经过身边离去时，音调则变低。

1845年，荷兰气象学家拜斯·贝洛用实验证实了多普勒效应。当时，他让一对小号手站在一辆从荷兰乌德勒附近疾驰而过的火车上吹奏，他自己则站在火车站台上测量听到的小号音调的改变。结果，他发现在站台上听到的音调是不同的。

在生产生活中，多普勒效应的应用有很多。应用多普勒效应制成的血流仪，能对人体内血管中的血流量进行分析；应用多普勒超声波流量计还可以测量工矿企业管道中污水或者有悬浮物的液体的流速；警察利用装有多普勒测速仪的监视器向行进中的车辆发射频率已知的超声波，根据测量到的反射波的频率，就能知道车辆是否超速行驶。

明白了多普勒效应，我们就可以理解红移和蓝移了。其实，除了声波，具有波动性的光也会出现多普勒效应，它又被称为多普勒－斐索效应。而光波与声波的不同之处在于，光波频率的变化使人感觉到的是颜色的变化。因此，通过观测恒星光谱的颜色移动方向，我们就能得出恒星与我们的相对位置变化，即它到底是在接近我们还是远离我们。

越远的星系"逃离"的速度越快

在宇宙学研究中，哈勃定律的发现为现代宇宙学中占据主导地位的宇宙膨胀模型提供了重要的观测证据。

在证实了河外星系的存在之后，哈勃和他的同事继续对星系的距离和光谱进行了观测研究。不久后他发现，所有他分析过的

星系的光都发生了红移，也就是说，似乎所有的星系都在远离我们。更重要的是，从他们辨认出的造父变星来看，河外星系到地球的距离远远超出了人们的想象，有些竟然达到几十亿光年。当然，哈勃和他的同事也意识到了，由于河外星系发出的光在达到地球之前要行进非常长的时间，因此今天我们观察到的星系其实是它们在遥远的过去的形象，它们事实上已经走过了十分漫长的一段演化之路。在观测中他们发现，有的星系距离达到了 80 亿光年，而它的光谱红移也远大于其他的星系。这意味着，这些最老和最远的星系，远离我们的速度也最快，远超那些和我们相距较近的星系。

前面我们提到，视向速度是物体或天体朝向观察者视线方向的运动速度，一个物体的光线在视向速度上会受多普勒效应的支配，退行物体的光波长将增加（红移），接近的物体的光波长将降低（蓝移）。在近十年的观测之后，哈勃最终发现那些具有很快的视向退行速度的星系到地球的距离与它们的退行速度之间存在着特殊的关系。于是在 1929 年，哈勃和米尔顿·修默生提出了哈勃定律，即河外星系的视向退行速度 v 和距离 d 成正比，用公式表示就是 $v=Hd$。

哈勃定律也叫作哈勃效应，等式中 v 的单位是千米 / 秒，d 的单位是百万秒差距（秒差距是天文学上的一种长度单位，英文缩写是 pc，1 秒差距约等于 3.26 光年，更长的距离单位有千秒差距 kpc 和百万秒差距 Mpc），H 即为哈勃常数，单位是（千米 / 秒）

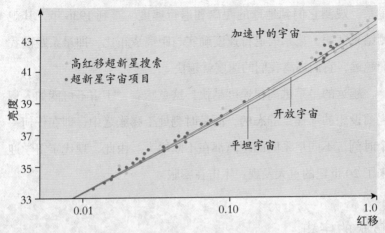

▲将距离和遥远超新星的亮度标注在一张图上可以看出，标准宇宙膨胀理论与数据并不相符。尽管差异很小，但这在统计上十分重要，而且这只与假设宇宙正在加速膨胀这一情况相一致。

/ 百万秒差距。2006 年 8 月，来自马歇尔太空飞行中心的研究小组使用美国国家航空航天局的钱卓 X 射线天文台发现的哈勃常数是 77（km/s）/Mpc，其中的误差大约是 15%。而到了 2012 年 10 月 3 日，天文学家使用美国宇航局的斯皮策红外空间望远镜精确计算出了哈勃常数，其数值结果为 74.3 ± 2.1（km/s）/Mpc。

　　哈勃定律在天文学上有着广泛的应用，它是测量遥远星系距离的唯一有效方法。通常，只要测量出星系谱线的红移，再换算出退行速度，就能由哈勃定律推算出该星系的距离。不过，在哈勃定律刚提出的时候，它并没有得到世人的承认，因为哈勃只是观测了数千个星系中的 18 个，且这 18 个星系也并非都在远离我们。于是，在助手修默生的帮助下，哈勃开始研究更多、更远的

星系，观测它们到地球的距离和退行速度。直到 1936 年，其观测结果证明，星系的退行速度确实与距离成正比，即星系距离我们越远，它们逃离我们的速度就越快。

越远的星系逃离得速度越快！这意味着，宇宙不可能如人们之前设想的那样是静态的，而是时刻处于膨胀之中，即在任何一个时刻，不同星系间的距离都在不断增大。由此，现代宇宙学迎来了 20 世纪的重大发现：宇宙在膨胀。

膨胀的宇宙

发现宇宙在膨胀，是 20 世纪最伟大的智力革命之一。

我们有时候会奇怪，为何在哈勃定律提出之前，人们丝毫没有意识到宇宙在膨胀。其实，早在牛顿提出万有引力定律的时候，人们就应该意识到，在引力的作用下，一个静态的宇宙很快就会开始收缩。这时，人们完全可以假设一下宇宙并不是处于静止状态，而是正在膨胀。这样一来，如果宇宙膨胀得不是很快，那么引力的作用就会最终导致膨胀停止，并使之开始收缩。但是，如果膨胀的速度超过了某个确定的临界值，而引力的作用又不足以阻止膨胀，那么宇宙就会一直不断地永远膨胀下去。这就好比我们在地球表面给火箭点火，如果火箭的速度很慢，引力就会最终使火箭停止运动并开始落回地面，而如果火箭的速度大于某个临界值，引力便无法把它拉回地面，它就会越飞越远脱离地球。

事实上，在 19 世纪、18 世纪，甚至 17 世纪晚期的任何一个时候，人们都可以根据牛顿的引力理论来提出宇宙的上述变化状况。但遗憾的是，人们关于静态宇宙的观念是如此之强烈，以至于直到 20 世纪初期，爱因斯坦在系统地阐明广义相对论的时候，都还深信宇宙只能处于静止状态。为了使静态宇宙成为可能，爱因斯坦甚至对自己的理论进行了修正。他在他的相对论方程式中加入了一个所谓的宇宙常数，以创造一个新的"反引力"之力，使其可以跟宇宙中全部物质的吸引力相平衡，由此得出静态宇宙的结论。

虽然，爱因斯坦宇宙常数的设置无疑是错误的，但它反映的人们对静态宇宙的深信不疑是实实在在的。事实上，即使在哈勃定律提出以后，人们依然无法完全理解这一科学发现的全部意义。毕竟，人们很少见到这样的情况，即周围的东西都在纷纷远离。更何况，人们很难从一般思维上来理解宇宙膨胀的样子，因为它是空间的不断扩张。通常，人们会在脑中这样描绘宇宙膨胀的场景，即在某处发生大爆炸的背景中，恒星和星系从中飞出，冲向

▼宇宙在膨胀过程中类似一个逐渐吹大的气球，其"表面"的星体间的距离随之变大。

四面八方。但实际上，这种爆炸一定要在一定的空间中发生，如果爆炸涉及的是整个宇宙，当时并没有让其发生的空间，即空间也是由大爆炸引起的，那就很难理解了。

不过，我们还是可以用一个较为形象的例子来理解宇宙膨胀的观念。想象一个膨胀中的气球，在吹气球之前先在气球上画一些任意的点，然后把气球吹起来，气球表面就会开始膨胀。此时，气球上的点与点之间的距离就会越来越大，对每一个点而言，其他的点都是离开它而去的，且离它越远的点，退行得就越快，即退行速度与距离成正比。

把这种情形应用到宇宙中去，想象我们的宇宙也处于某种形式的膨胀之中，似乎比较容易理解宇宙膨胀的概念。当然，这样一个简单的小模拟是无法解释宇宙膨胀的整个过程的。空间究竟是如何膨胀的、宇宙膨胀过程中都发生了什么，将是我们接下来要详细讲述的内容。

由密集状态开始的巨大爆炸

大爆炸理论的证据

对宇宙大爆炸理论看法的改变起决定性作用的，是 1965 年发现的宇宙微波辐射。不过，这一发现颇具戏剧性。

1965 年，位于新泽西州的贝尔实验室设计了一台灵敏度非常高的微波探测器，用来跟轨道上的卫星进行通信联系。微波是波长介于红外线和特高频之间的射频电磁波，波长范围在 1 毫米至 1 米之间。当时，为了检测这台探测器的噪声性能，实验室的两位年轻工程师阿诺·彭齐亚斯和罗伯特·威尔逊将探测器上那个巨大的喇叭形天线对准天空方向进行测量。结果，出乎意料的是，他们竟然接收到了比预期更大的噪声。起初，他们以为那可能是附近的城市噪声。可当他们把天线对准纽约的时候，却没发现任何特别的症状，那说明这种频率的噪声并非来自纽约。之后，他们认真地检查了探测器，发现里面竟然住了一对鸽子，而且有一些鸟粪。可当他们把鸽子送走，并且将鸟粪清除干净之后，他们发现那个明显的噪声依然存在。

接下来，彭齐亚斯和威尔逊就发现，这个噪声非常特别，因为它似乎并不来自某个特定的方向。通常，当探测器倾斜地指向天空时，从大气层里来的任何噪声都应该比原先垂直指向的时候更强，因为从接近地平线的方向接收比直接从头顶方向接收，光线要穿过多得多的大气。不过，无论探测器朝向哪个方向，这多余的噪声始终一样，因此它肯定来自大气层之外。此外，尽管地球在不断地绕着轴自转，同时又绕着太阳转动，可在整个一年中，无论白天还是黑夜，这个噪声始终保持不变。这又说明，噪声一定来自太阳系之外，甚至是银河系之外，否则当探测器随着地球的运动而指向不同的方向时，噪声也应该随之发生变化。最终，彭齐亚斯和威尔逊意识到，这个诡异的噪声来自空间的每一个方向，也就是说，它来自宇宙。那么，这个宇宙背景噪声究竟是什么呢？

大约在彭齐亚斯和威尔逊研究他们的探测器噪声的同时，在他们附近的普林斯顿大学的两位美国物理学家鲍伯·狄克和詹姆士·皮帕尔斯也对微波产生了兴趣。当时，他们正在研究美国物理学家乔治·伽莫夫的一种设想，即早期的宇宙应该是非常密集和炽热的，并会发出白热的光芒。狄克和皮帕尔斯因此提出，这种光芒现在仍然能被看到，因为从早期宇宙非常遥远的部分发出

▲ NASA 将利用他们的新空间探测器——微波各向异性探测器（MAP）研究微波背景辐射，试图找到宇宙加速膨胀的新线索。在 2007 年，欧洲航天总署发射了一个名为普朗克的更为敏感的探测器。

的光线，现在应该恰好到达地球。不过，由于宇宙在膨胀，这种光线应该发生了很大的红移，现在就我们来看表现为微波辐射。

在这种情形下，当狄克和皮帕尔斯听说彭齐亚斯和威尔逊发现了诡异噪声时，他们马上意识到，那一定就是他们要找的、能证实宇宙在膨胀的宇宙微波背景辐射。虽然，彭齐亚斯和威尔逊是无意中发现宇宙微波背景辐射的，但他们还是因此获得了 1978 年的诺贝尔奖。而这个结果，对于潜心寻找宇宙微波背景辐射的狄克和皮帕尔斯来说，无疑有点儿残酷。

星系远离，说明我们在宇宙的中心吗

宇宙微波背景辐射，是一种充满整个宇宙的电磁辐射，频率属于微波范围。前面我们讲过，炽热物体中原子的热运动引起的发光被称为黑体辐射。而在不同波段上对宇宙微波背景辐射进行测量和研究后，人们发现它在一个相当宽的波段范围内都符合黑体辐射谱，且对应着绝对温度 2.7K（近似为 3K）。因此，它又被称为 3K 背景辐射。当然，黑体谱现象表明，微波背景辐射是在极大的时空范围内的事件，因为只有通过辐射与物质间的相互作用才能形成黑体谱，而如今的宇宙空间密度极低，辐射与物质的相互作用极小，是不可能形成黑体谱的。所以，今天我们观测到的宇宙微波背景辐射必定起源于很久之前。

现在我们知道，宇宙经历了一个大爆炸。大爆炸发生后，早期宇宙是温度极高、密度极高的均匀气体。之后，随着宇宙不断膨胀，温度逐渐降低，氦生成了，此时宇宙中所有的中子都被锁定在氦原子核中。接下来，在宇宙温度处于3000K以上时，高温中带电荷的粒子运动，吸收、释放光，而光与质子、电子频繁反复地碰撞，因此光无法直线行进。而当宇宙温度持续降低，低到3000K以下时，原子核和电子复合生成了氢原子并放出光。此时，光可以在宇宙中自由传播，也就是说，宇宙对光来说变得透明了，这就使我们能观察到的宇宙中最古老的光。这个阶段被叫作"宇宙的放晴"。

在大爆炸发生38万年之后，宇宙的温度下降到大约3000K，此时电子和原子核结合为原子。当然，电子的大量减少无疑会打

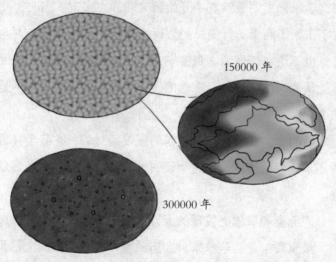

150000 年

300000 年

▲ 作为大爆炸的遗迹，宇宙微波背景辐射如同大爆炸产生的回声，给大爆炸模型提供了有利证据。通过测量宇宙中的微波背景辐射，人们可以一窥早期宇宙的景象，并了解宇宙中恒星和星系形成的过程。

破宇宙热平衡的状态，导致大爆炸辐射出的射线随着宇宙的膨胀自由地传播出去。之后，在宇宙不断膨胀、温度不断降低的过程中，这些辐射的射线的波长不断变长，一直降低到微波的范围。这就是宇宙微波背景辐射。

作为大爆炸的遗迹，宇宙微波背景辐射如同大爆炸产生的回声，给大爆炸模型提供了有利证据。通过测量宇宙中的微波背景辐射，人们可以一窥早期宇宙的景象，并了解宇宙中恒星和星系形成的过程。除此之外，宇宙微波背景辐射的发现，还为人们准确地描述我们的宇宙提供了重大参照。

让我们回到 1922 年，在哈勃提出著名的哈勃定律之前，俄国宇宙学家弗里德曼就着手开始研究非静态宇宙。当时，弗里德曼对宇宙做了两个非常简单的假设，即我们不论从哪个方向观察宇宙，也不论在任何地方观察宇宙，宇宙看起来都是一样的。弗里德曼认为，仅从这两个观念出发，我们就能得出宇宙不是静态的结论。

之后的事实证明，弗里德曼的假设是对的，它甚至异常精确地描述了我们的宇宙。而这个证明，就来自彭齐亚斯和威尔逊的发现。

彭齐亚斯和威尔逊发现的天外诡异噪声，就是宇宙微波背景辐射，最重要的是，这些来自宇宙的噪声在任何方向上都是一样的。这无疑是对弗里德曼假设的印证，即宇宙在任何方向看起来都是一样的。如此一来，我们在宇宙中的位置似乎很特殊。而在此基础上，哈勃的观测又证明了所有的星系都在远离我们。这一切似乎都说明了一个事实，即我们必须处在宇宙的中心。

那么，我们到底是否处于宇宙的中心呢？

空间到底是怎样膨胀的

哈勃定律和弗里德曼的模型都描述了宇宙膨胀、星系远离的景象，那么，空间到底是怎样膨胀的呢？

前面我们曾以一个膨胀中的气球为例来描述宇宙膨胀的观念。现在，让我们以变大的球面上的蚂蚁为例，来更好地阐释空间的膨胀。

为便于理解，我们需要将球面换成一根可以被无限拉长的线。现在，想象在这条线上每隔 10 厘米放一只小蚂蚁，然后将线均匀地拉长一倍。此时，虽然线上的蚂蚁没有动，但相邻蚂蚁间的距离却变成了 20 厘米。此外，距离变化后，相邻蚂蚁之间相对远离的速度也发生了变化。试想，如果线在 1 秒钟之内伸长为前一秒的 2 倍，那么开始相距 10 厘米的蚂蚁 1 秒钟之后就会相距20 厘米，而假设此时它们相对远离的速度是每秒 10 厘米的话，那么等它们之间的距离从 20 厘米变为 40 厘米时，它们相对远离的速度也会随之变成每秒 20 厘米。

当然，宇宙中星系间的距离要比蚂蚁间的距离大得多了。理解了蚂蚁远离的情况之后，现在我们把宇宙假设为一个三维的立方体，每个边长都是 1000 万光年。此时，在这个立方体的长、

宽、高三边上每隔 100 万光年放一个星系，每一边共放 10 个星系，那么整个立方体中就含有大约 1000 个星系。

以以上模型为例，空间膨胀的概念，就是指立方体中含有的星系个数不变，而立方体的体积变大。这样一来，当宇宙是现在的 1/1000 大小时，立方体的边长就变成 100 万光年，星系间隔就是 10 万光年；当宇宙是现在的 1/8 大小时，立方体边长就是 500 万光年，而星系间隔是 50 万光年。依此类推，一直朝着过去追溯，星系会越来越集中，密度越来越高，最终所有的星系都重叠在一起，此时宇宙的体积为零。当然，把这个过程翻转过来，让宇宙体积由零开始扩大成立方体，并一直扩大，就是空间膨胀的过程，即加速、加速、再加速。

当然，由于空间膨胀毕竟是我们未曾亲眼看到过的景象，所以一开始很多人都把它理解为是星系的扩大。实际上，所谓的空间膨胀是星系间距离的增大，而不是各个星系规模的扩大。在空间膨胀中，星系的大小丝毫不会产生变化，星系中恒星之间的距离也不会因宇宙膨胀而改变。膨胀过程中，星系中为数众多的恒星相互之间的引力刚好相抵消，因此星系会依然保持原来的形态。

当然，凡事并不绝对，并非所有的星系都在高速远离。例如，银河系和仙女座星系就正以每秒 200 千米的速度相互靠近着。事实上，在很多星系集中的区域，有时候星系之间的引力会起更大作用，导致星系间相互靠近的速度大于宇宙正在膨胀的速

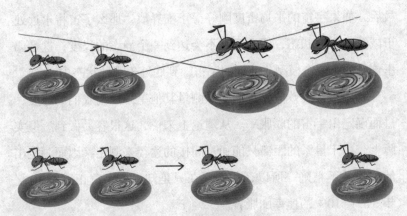

▲宇宙的膨胀并非指星系变大，而是指星系之间的距离变大。

度，由此形成相互靠近的现象。所以说，哈勃定律并不适用于所有地方。

宇宙会永远膨胀下去吗？

究竟哪一种弗里德曼模型可以描述我们的宇宙？对这个问题，最基础的分析来自两个数据：宇宙现在的膨胀速率和宇宙现在的平均密度（宇宙在空间的给定体积内的物质的量）。

一般认为，宇宙现在的膨胀率越大，停止它所需要的引力就越大，所需要的物质密度也就越大。因此，如果宇宙的平均密度比某个由膨胀率所确定的临界值还大，那么物质的引力就会成功地阻止宇宙继续膨胀并使之开始坍缩，这是第一类弗里德曼模型；如果宇宙的平均密度比这个临界值小，物质的引力就不足以阻止膨胀，宇宙就将永远膨胀下去，这对应着第二类弗里德曼模型；

最后，如果宇宙的平均密度刚好等于临界值，那么宇宙将永远处于减缓膨胀的状态，但永远都不会达到一个静态的尺度，这是弗里德曼的第三个模型。我们的宇宙，到底处于哪种状态中？

利用多普勒效应，我们可以测量其他星系远离我们的速度，进而确定出宇宙的膨胀率。从理论上来说，这很容易做到。但实际上，由于星系的距离只能通过间接的途径来测定，因而测定出的结果并不精确。所以，我们现在只是知道，宇宙正以每10亿年5%～10%的速率膨胀着。

与此同时，我们关于宇宙平均密度的测定不确定性更大。目前，就算我们把银河系和其他星系中能看到的所有恒星质量都加起来，并对膨胀率取最低的估计值，宇宙的质量仍然不及使宇宙膨胀停止所需质量的1%。这个差距实在不是一般的小。

当然，以上并不是最终结果，关于宇宙质量，还存在着很多神秘物质。研究显示，在我们的星系和其他星系中，包含着大量"暗物质"，由于它对星系中恒星轨道的引力，我们虽然观察不到它但能肯定它存在。要知道，在像银河系这样的螺旋星系外围，有很多恒星都在围绕着它们的星系公转，这些恒星的公转速度太快以至于已经超出了能看到的星系恒星的引力吸引。所以，一定存在其他的物质引力将其约束在轨道上，这些物质可能就是"暗物质"。事实上，目前科学界认为，宇宙中暗物质的总量远远超过了正常物质的总量，一旦我们将所有这些暗物质都加起来，宇宙质量大约能达到阻止膨胀所需物质量的1/10。

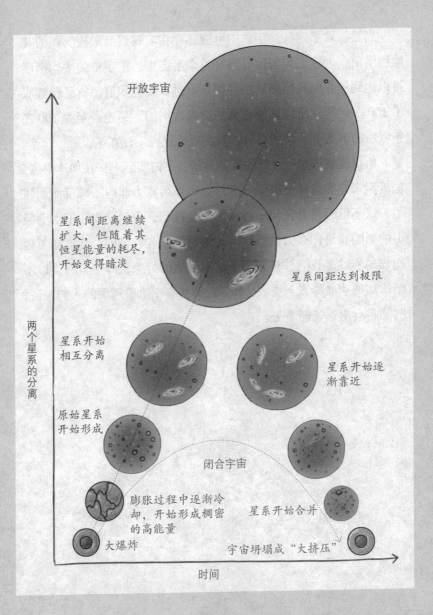

开放宇宙

星系间距离继续
扩大，但随着其
恒星能量的耗尽，
开始变得暗淡

星系间距达到极限

两个星系的分离

星系开始
相互分离

星系开始逐
渐靠近

原始星系
开始形成

闭合宇宙

膨胀过程中逐渐冷
却，开始形成稠密
的高能量

星系开始合并

大爆炸

宇宙坍塌成"大挤压"

时间

当然，除了这些，宇宙中可能还存在着我们尚未探测到的其他物质形式，它们均匀地分布在整个宇宙中，使宇宙的平均密度得以达到停止膨胀所需的临界值。不过，我们知道宇宙已经膨胀了100多亿年，所以即便它真的会再次坍缩，那也是至少100亿年以后的事情了。而到那时，人类或许已经不存在了。

　　值得注意的是，最近的观测显示，宇宙实际上正在加速膨胀。这听起来非常奇怪，就像一个炸弹爆炸后威力非但不减反而加强了，这不但不符合任何一种弗里德曼模型，也似乎摆脱了引力吸引的影响。是什么力量导致宇宙加速膨胀呢？目前，我们还不得而知。不过，我们总算弄清了宇宙晚期的行为，即宇宙将会以不断增加的速度膨胀下去。这样，对那些有幸逃脱黑洞的人们来说，时间将会永远流逝下去。

大爆炸或者时间，有一个开端

暗物质和暗能量

宇宙是由什么物质组成的？在地球上抬头仰望夜空，除了看到大片闪亮的星星，我们看不到其他东西，似乎整个宇宙看起来空荡荡的。那么，看似空荡荡的宇宙中究竟包含了哪些物质呢？

宇宙中存在着数以千计像太阳一样的恒星，它们的大小、密度各有不同，有红巨星、超巨星、中子星、造父变星、白矮星、超新星等。在宇宙空间中，这些恒星常常聚集成双星或者三五成群的聚星，之后再组成星系、星系团。此外，以弥漫形式存在的星际物质，如星际气体和尘埃等，高度密集之后会形成形状各异的星云。除了这些能发出可见光的恒星、星云等天体，宇宙中还存在着紫外天体、红外天体、x 射线源、γ 射线源及射电源等。

以上我们认知的宇宙部分，包括恒星、行星和星系等物质，

大约只占到了宇宙总质量的4%。那么，宇宙组成中剩下的96%的神秘物质又是什么呢？天文学家认为，其中23%是暗物质，而剩下的73%则是一种能导致宇宙加速膨胀的暗能量。

在宇宙学中，暗物质又被称为暗质，是指无法通过电磁波观测进行研究，即不与电磁力产生作用的物质。暗物质无法通过直接观测得到，但它能干扰星体发出的光波或引力，因此其存在能被明显地感觉到。

20世纪30年代，暗物质存在的证据第一次被发现。当时，瑞士天文学家弗里兹·扎维奇在研究星系时发现，大型星系团中的星系具有非常高的运动速度。他推测，除非星系团的质量是根据其中恒星数计算所得到值的100倍以上，否则星系团的引力根本无法束缚住这些星系。

20世纪50年代，天文学家在推算银河系的质量时发现，他们得到的数值要远大于通过光学望远镜发现的所有发光天体的质量之和。由此，他们推断，银河系中存在着此前人类没有发现的物质，并给其命名为"暗物质"。2006年，美国天文学家使用钱德拉x射线望远镜对星系团1E 0657–558进行观测时，无意间观测到了星系碰撞

▼在非常早期的宇宙中，空间的密度很高，以至于光子经常碰撞，这导致它们自发地转变成为物质粒子以及相对的反物质。粒子的精确类型取决于光子的结合能。物质与反物质也会相碰撞，它们互相湮灭，并且再次产生一对光子，这个过程就是对生，它在现代宇宙中适当的条件下仍在发生。物质粒子在没有相对的反物质的条件下产生的情况每10亿次里面有1次。这就通过粒子"种下"了宇宙，因为它们没有使它们重新变回带能量的光子相应的反物质。

的过程，其过程如此之猛烈以至于其中的暗物质与正常物质产生了分离。由此，人们终于发现了暗物质存在的直接证据。

对宇宙整体的研究表明，星际空间深处隐藏着比我们想象的多得多的暗物质，其总质量可达到可见物质的10～100倍。目前，科学家认为，暗物质很有可能是由一种或者几种粒子物质标准模型外的新粒子所构成的物质，它的存在对宇宙结构的形成非常关键。

前面我们讲过，观测显示宇宙正在加速膨胀，而导致宇宙加速膨胀的原因，可能就是暗能量。在物理宇宙中，暗能量被认为是一种不可见的、能推动宇宙运动的能量，宇宙中所有恒星和行星的运动都是由暗能量和万有引力推动的。支持暗能量的证据主要有两个：一是观测表明宇宙在加速膨胀，二是根据爱因斯坦方程。加速膨胀的现象能推论出宇宙中存在着压强为负的"暗能量"，所以，在对宇宙加速膨胀的观测结果的解释中，暗能量假说是最流行的一种。而在宇宙标准模型中，暗能量占了宇宙73%的质能。

暗物质和暗能量被认为是宇宙学研究中最具挑战性的课题，它们共同占据了宇宙中90%以上的物质含量。目前，对暗物质和暗能量的研究是现代宇宙学和粒子物理的重要课题。在不久的未来，或许我们就能弄清楚它们到底是什么以及由什么组成。

热寂说和大坍塌

关于宇宙的极端命运，我们可以做两种预言：一是继续膨胀直至热寂，二是大坍塌。

热寂理论是猜想宇宙终极命运的一种假说，最早由爱尔兰物理学家威廉·汤姆森于1850年推导出。19世纪，在提出了热力学第二定律和熵的概念后，德国物理学家克劳修斯于1867年提出了热寂说。

熵指的是体系的混乱程度，用来表示任何一种能量在空间中分布的均匀程度，通常能量分布得越均匀，熵就越大。根据热力学第二定律，作为一个孤立的系统，宇宙的熵会随着时间的流逝而增加，也就是从有序变成无序，逐渐趋向最大值。熵的总值永远只能增大不能减少。当宇宙的熵达到最大值时，宇宙中其他有效的能量就已经随着时间的流逝，全部转化成了热能，所有的物

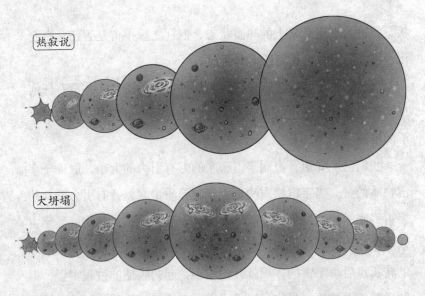

热寂说

大坍塌

质温度也就达到了热平衡。由于引力波和引力扰动的影响，行星逐渐脱离它们的原始轨道。此时，宇宙会停止变化，呈现一种死寂的永恒状态，这种状态就是热寂。

　　热寂说的支持者认为，按照开放的宇宙理论，宇宙物质的引力不足以使膨胀停止，但会消耗宇宙的能量，导致宇宙慢慢地走向衰亡。随着时间的流逝，在引力波和引力扰动的影响下，行星会逐渐脱离它们的原始轨道，随后，同样因为引力波和引力扰动的影响，星系中的恒星和恒星残骸也开始脱离它们的原始轨道，只留下一些分散的恒星残骸及超大质量的黑洞。接着，黑洞也会通过霍金辐射的形式缓慢地蒸发。当所有的黑洞都蒸发完毕，宇宙中所有的物质都将衰变为光子和轻子，宇宙进入低能状态，变得寒冷、荒凉而空虚。一种假设认为，宇宙将会永远停留在这种状态，进入真正意义上的热寂状态，但这之后宇宙是否还会有变化、将如何变化，我们还不得而知。

当然，由于宇宙热寂说仅仅是一种可能的猜想，并没有任何事实证据支持该学说的正确性，所以上述过程也仅仅只是假设之下的推测。

我们已经知道，牵制宇宙膨胀的万有引力的大小，取决于宇宙物质的量。当宇宙物质的量大于临界质量时，万有引力就会使宇宙膨胀的速度变慢，并最终变为零。这个过程，其实就是宇宙从膨胀变为收缩的过程，也就是大坍塌。在经过了从膨胀到收缩的转折点后，宇宙的体积就开始缩小，起初收缩的过程很慢，但随后就越来越快。最终，引力成为占据绝对优势的作用力，将物质和空间都碾得粉碎。此时，宇宙中所有的物质都将不复存在，一切曾经"存在"的东西，甚至时间和空间本身，都完全被消灭掉，只留下一个时空奇点。

按照大坍塌理论，宇宙的历史就是从大爆炸开始，到大坍塌终结。大爆炸过程中，由于引力的作用，物质出现了，生命出现了，并最终出现了人类。不过，这些只不过是宇宙漫长演化过程中极其短暂的一瞬间。当坍塌来临，于大爆炸中诞生的宇宙，又将重归于无。

宇宙最终会归于死寂还是成为一点，这是未来很长一段时期内，科学家们研究的课题。

大爆炸的奇点

时间有开端吗？多数人不喜欢这个观点，因为它看起来充满了神干涉的味道。当然，这个观点得到了天主教会的支持，他们曾正式宣告时间有开端的观点和《圣经》非常和谐。那么，时间是否有开端呢？

回想弗里德曼模型，我们会发现，三种弗里德曼模型具有一个共同的特点，即在过去的某个时刻，100亿到200亿年之前，相邻星系间的距离一定是零。在这个被我们称之为大爆炸的时刻，宇宙的密度和时空曲率是无限大的。可实际上，数学是不能真正

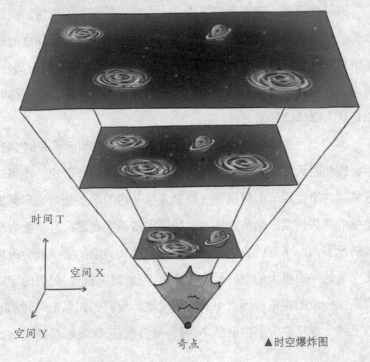

时间 T

空间 X

空间 Y

奇点　　　　　　▲时空爆炸图

处理无限大的数的，所以弗里德曼模型所依赖的基础即广义相对论就预言，宇宙中存在一个点，在这里理论本身会崩溃。这个点，就是我们所说的奇点。

一个明显的事实是，我们所有的科学理论体系之所以能形成，就在于假设宇宙是平滑且几乎平直的。而在大爆炸奇点处，时空的曲率是无穷大的，所以在那个时刻，这些理论统统都不能成立。这就意味着，就算在大爆炸之前确实有事件出现，我们也无法凭借它们来推断其后会出现什么情况，因为我们凭借理论施展的可预见性在大爆炸处崩溃了。

同样的道理，就算我们知道了大爆炸以后发生的事情，我们也无法推断大爆炸之前发生过什么。对我们来说，大爆炸之前的事情是没有任何效果的，它们不应该成为科学宇宙模型的一部分。所以，在构建宇宙模型的过程中，我们应该将其剔除，并宣称时间是从大爆炸处开始的。

事实上，在弗里德曼提出自己的宇宙膨胀模型后不久的1927年，比利时天文学家勒梅特首次提出了现代大爆炸假说，他当时称它为"原生原子的假说"。根据爱因斯坦的广义相对论和弗里德曼的膨胀模型，勒梅特认为，如果宇宙确实在膨胀且膨胀力稍微强于引力，宇宙就会继续膨胀下去，那么将来的宇宙就会占用比今天的宇宙更大的空间尺度。据此，勒梅特分析，过去的宇宙应该比今天的宇宙占用更小的空间尺度。所以，如果把时间不断地上溯，越早期的宇宙就越小，而一定存在一个足够早的时刻，宇宙在那时处于它最小的状态。

由此，勒梅特提出，宇宙有一个起始之点，或者说宇宙开始于一个小的原始"超原子"的灾变性爆炸。最开始，宇宙挤在一个"宇宙蛋"中，这个"宇宙蛋"容纳了宇宙中的所有物质。之后，一场"超原子"的突变性爆炸将"宇宙蛋"炸开，再经过几十亿年的时间，最终形成了现在还在不断退行的星系。

勒梅特提出的宇宙"起始之点"正是教会苦苦寻找的上帝创世的时刻。按照他的大爆炸模型，上帝在创世的最初创造了一个"原始原子"，之后它不断长大，膨胀起来，仿佛一棵小果树长成了一棵参天大树。这个理论，后来经过美国物理学家乔治·伽莫夫的修改，成为宇宙论中占据主导地位的理论。

按弗里德曼和勒梅特的宇宙模型来看，宇宙似乎确实存在一个创生时刻，也就是大爆炸奇点。不过，很多人并不喜欢这种时间有一个起点的观念。为了回避这一问题，他们做了诸多尝试，其中，稳恒态宇宙理论得到了最广泛的支持。

稳恒态宇宙模型

1948年，三位学者赫尔曼·邦迪、托马斯·戈尔德和弗雷德·霍伊尔共同提出了稳恒态宇宙模型。该模型指出，随着星系彼此分离得越来越开，新的物质会连续不断地被创生出来，一些新的星系会在原有星系之间的空隙中不断形成。因此，在空间的任何位置，或者就不同的时间来看，宇宙的形态大体上都是相同的。

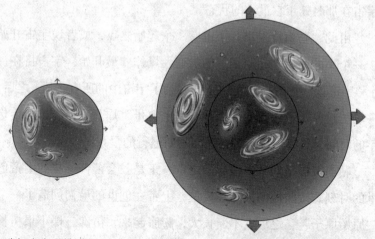

▲稳恒态宇宙模型指出，随着宇宙膨胀，新的星系继续形成，以维持其密度。

　　稳恒态宇宙模型的基础是"完全宇宙学原理"。该原理认为，既然时空是统一的，那么天体的大尺度分布不仅应该在空间上是均匀分布和各向同性的，在时间上也应该是永恒不变的。所以，无论在任何时代、任何位置上观察宇宙，观测者看到的宇宙图像在大尺度上都应该是一样的。根据这一原理，宇宙间物质的分布不但在空间上是常数，在时间上也是固定的，不会随时间而变化。

　　根据膨胀理论，宇宙空间的膨胀在时间和空间上都是均匀的。当空间膨胀时，星系之间的距离会增大，分布状况会变稀疏。此时，若要保持密度不变，也就是满足稳恒态宇宙模型所说的不随时间而变化，就必须有新的星系来填补因为宇宙膨胀而增大的空间。

由此，稳恒态宇宙模型认为，从无限久远的过去开始，宇宙中的各处就不断有新的物质被创造出来，以填补宇宙膨胀所产生的空间。这种状态一直延续至今，并且会继续延续下去。此外，稳恒态宇宙模型的支持者还计算得出了新物质的创生速率，其结果是大约每100亿年在1立方米的体积内会创生1个原子。

稳恒态宇宙模型是一种非常吸引人的科学理论，由它能得出一些明确的、可通过观测来加以检验的预言。例如，无论何时观察宇宙，也无论从宇宙的哪个位置来观测宇宙，宇宙任意给定空间体积中所看到的星系或者同一级天体的个数都是相同的。

稳恒态宇宙模型的提出，为无神论者找到了一个很好的途径，使他们得以继续相信宇宙中万事万物的存在并不需要一个创世时刻或者勒梅特的原始原子。这从本质上反映了多数人依然很难接受时间有开端的说法。不过，之后的事实证明，稳恒态宇宙模型并不如大爆炸模型

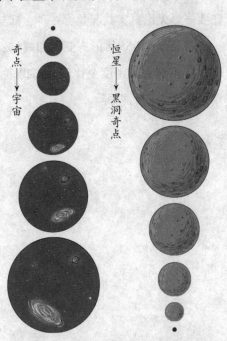

奇点 → 宇宙

恒星 → 黑洞奇点

▲大爆炸的宇宙膨胀就像一个恒星坍缩成一个黑洞奇点的时间反演。

更接近真相。

20 世纪 50 年代末期到 60 年代初期，以马丁·赖尔为首的一批天文学家在观测外部空间射电波辐射源时发现，大部分这类射电源都来自银河系之外，而且其中弱源的个数比强源要多得多。他们认为，这可能是因为弱源的距离较远，而强源的距离较近，这样每单位空间体积内近距离源的个数就比远距离源少。这个结论意味着，我们可能身处宇宙中一个射电源比其他区域要少的区域，或者在过去射电波正向我们传播的时候，射电源的数目比现在要多。无论真实状况是哪一种，都与稳恒态理论的结果相矛盾。

接下来，1965 年彭齐亚斯和威尔逊发现的宇宙微波背景辐射，显示宇宙过去的密度要比现在高得多。至此，稳恒态宇宙模型逐渐退出了人们的视野。

第四章

基本粒子和自然的力

一层一层『隐藏』在物质中的粒子

物质的构成

古希腊伟大的科学家、哲学家亚里士多德认为，宇宙中所有的物质都由四种基本元素土、气、火和水组成，有两种力——引力和浮力，作用在这些元素上。引力，使土和水往下沉；浮力使气和火往上升。这种将宇宙的内容分割成物质和力的做法一直沿袭至今。

亚里士多德相信所有的物质是连续的，也就是说，人们可以将物质无限制地进行分割。而如果物质可以被分割得越来越小，那我们就永远不可能得到一个不可再分割下去的最小颗粒。然而，这种说法遭到了很多学者的反驳，例如希腊人德谟克利特。"原子"在希腊文中是"不可分"的意思，因此德谟克利特用这一概念来指称构成具体事物的最基本的物质微粒。他坚信物质具有最小的颗粒性，并认为所有物质都是由大量的和不同类型的原子组成的。

德谟克利特所提出的原子说还指出，原子的根本特性是"充满和坚实"的，即原子内部是没有空隙的，是坚固的、不可入的，因而是不可分的。他认为，原子是永恒的、不生不灭的，且原子在数量上是无限的，并处在不断的运动状态中，它唯一的运动形式是振动；另外，原子的体积微小，是眼睛看不见的，即不能为感官所知觉，只能通过理性才能认识。

德谟克利特的学说同样也受到了很多科学家的质疑。争论一直持续了几个世纪，任何一方都没有实际的证据来证明自己是正确的。

19 世纪初英国化学家道尔顿在进一步总结前人经验的基础上，提出了近代意义上的原子学说。这种原子学说的提出开创了化学的新时代，解释了很多物理、化学现象。他所提倡的原子学说，继承了古希腊朴素的原子论和牛顿微粒说，其要点在于：

▲约翰·道尔顿

1. 化学元素由不可分的微粒——原子构成，它在一切化学变化中是不可再分的最小单位。

2. 同种元素的原子性质和质量都相同，不同元素原子的性质和质量各不相同，原子质量是元素基本特征之一。

3. 不同元素化合时，原子以简单整数比结合。可以推导并用实验证明倍比定律。如果一种元素的质量固定，那么另一元素在各种化合物中的质量一定成简单整数比。

原子论建立以后，道尔顿名震英国乃至整个欧洲，各种荣誉纷至沓来。在科学理论上，道尔顿的原子论是继拉瓦锡的氧化学说之后理论化学的又一次重大进步，他揭示出了一切化学现象的本质都是原子运动，并确认了原子是一切化学变化中不可再分的最小单位，从而明确了化学的研究对象，对化学真正成为一门学科具有重要意义。

到了 1905 年，爱因斯坦提出了一个重要的学术证据，那就是所谓的布朗运动——英国植物学家布朗把花粉悬浮在水中，用显微镜观察，发现花粉的小颗粒在做不停的、无秩序的运动。这种现象可以解释为液体原子和灰尘粒子碰撞的效应。从这个观点可以看出，爱因斯坦的观点证明了道尔顿的理论是对的。

那么，在其他的领域里，原子还可以再分吗？这个问题我们在以下小节中会详细介绍。

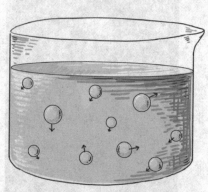

▲在显微镜下，可以看到在水中悬浮的尘埃粒子以非常不规则的随机方式运动。

原子的内部结构

　　剑桥大学的研究员汤姆生做了一个实验，他将一块涂有硫化锌的小玻璃片，放在阴极射线（从低压气体放电管阴极发出的电子在电场加速下形成的电子流）所经过的路途上，看到硫化锌会发出闪光。这说明硫化锌能显示出阴极射线的"径迹"。他发现在一般情况下，阴极射线是直线行进的，但当在射击线管的外面加上电场，或用一块蹄形磁铁跨放在射线管的外面时，阴极射线就会发生偏折，而根据其偏折的方向，可以判断出带电的性质。

　　随后汤姆生得出结论：这些"射线"是带负电的物质粒子。但他反问自己："这些粒子是什么呢？"为此，他设计了一系列既简单又巧妙的实验：首先，单独的电场或磁场都能使带电体偏转，而磁场对粒子施加的力是与粒子的速度有关的。汤姆生对粒子同时施加一个电场和磁场，并调节到电场和磁场所造成的粒子的偏转互相抵消，让粒子仍做直线运动。这样，从电场和磁场的强度比值就能算出粒子运动速度。而一旦找到速度，单靠磁偏转或者电偏转就可以测出粒子的电荷与质量的比值。汤姆生用这种方法来测定"微粒"电荷与质量之比值。他发现这个比值和气体的性质无关，并且该值比起电解质中氢离子的比值（这是当时已知的最大量）要大得多，这说明这种粒子的质量比氢原子的质量要小得多。汤姆生把这种粒子叫作"电子"。这是人类首次用实验证实了一种"基本粒子"——电子的存在。

那这是否意味着，电子是比原子更为基本的粒子呢？若是如此，能否发现其他具有合适重量和物理性质的东西也可能是原子组成部分呢？很多科学家开始探索除电子之外在原子内部还有何物，并设想原子可能有的结构形式。

为此，新西兰物理学家卢瑟福在1911年证明了原子确实具有内部结构。在这个 α 粒子轰击金箔的实验中，绝大多数 α 粒子仍沿原方向前进，少数 α 粒子由于撞击到了电子发生较大偏转，个别 α 粒子偏转超过了90°，有的 α 粒子由于撞上原子核所以偏转方向甚至接近180°。该试验事实确认，原子内含有一个体积小而质量大的带正电的中心，这就是原子核。

由以上两个实验可以确定，原子是由其他"粒子"组成的，

▲欧内斯特·卢瑟福

在上一节中，我们讲了原子是一切化学反应中不可再分的基本微粒，但事实上，在物理领域，原子是可以再分的。原子由带正电荷的原子核和带负电荷的电子组成，科学家还验证出，原子的大小主要是由最外面的电子层的大小所决定的。

如果我们把原子比作一个大型足球场，那原子核只不过

是位于足球场中心的乒乓球而已。原子核虽然体积小，但它却占据了原子质量的 99% 以上，可以说，原子核的质量几乎就等于原子的质量。在原子核外围高速旋转的电子带有负电荷，原子核带正电核，它们的电荷数相等，所以整个原子是不显电性的。

另外，之所以电子没有从原子中飞出，是因为电子与原子核分别带负、正电荷，它们之间产生吸引的作用力。这就同地球、木星等这样的行星，都被太阳的引力吸引着，不能飞出太阳系一样。

质子和中子

我们说，原子核质量基本相当于原子的质量，那么原子核是否可以再分呢？答案是肯定的。

物理学家卢瑟福被公认为质子的发现人。卢瑟福考虑到电子是原子里带负电的粒子，而原子是中性的，那么原子核必然是由带正电的粒子组成的。这种粒子的特征是怎样的呢？他做了一个实验：用 α 粒子轰击氮原子核，注意到在轰击过程中他的闪光探测器记录到氢核的迹象。卢瑟福认识到这些氢核唯一可能的来源是氮原子，因此氮原子必须含有氢核。他又想到氢原子是最轻的原子，那么氢原子核也许就是组成一切原子核的更小微粒，电量是 1，质量是 1。卢瑟福把它叫作"质子（proton）"。这个单词是由希腊文中的"第一"演化而来的，这就是卢瑟福的质子假说。

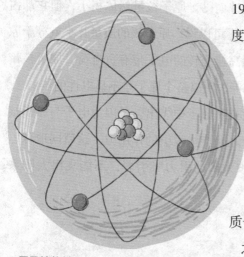
▲原子结构模型

1919年，卢瑟福本人用速度是20000千米/秒的α粒子去轰击氮、氟、钾等元素的原子核，结果都发现有一种微粒产生，电量是1，质量是1，这样的微粒正是质子，这就证明了他的质子假说是正确的。

之后，人们便认为原子核的质量应该等于它含有的带正电荷的质子数。可是，一些科学家在研究中发现，原子核的正电荷数与它的质量居然不相等，也就是说，原子核除去含有带正电荷的质子外，还应该含有其他的粒子。那么，那种"其他的粒子"是什么呢？

解决这一物理难题、发现那种"其他的粒子"是"中子"的，就是著名的英国物理学家詹姆斯·查德威克。

1932年2月27日，英国物理学家查德威克在做用α粒子轰击硼的实验中发现了中子。他指出，中子是构成物质原子核的基本粒子之一，它的质量与质子相同。中子不带电。

就在查德威克发现中子的5年前，科学家玻特和贝克用α粒子轰击铍时，发现有一种穿透力很强的射线，他们以为是γ

射线，就没有理会。韦伯斯特对这种辐射做过仔细鉴定，但由于对此现象难于解释，所以并未再继续研究。

直到 1931 年，约里奥·居里夫妇——居里夫人的女儿和女婿——公布了他们关于石蜡在"铍射线"照射下产生大量质子的新发现。查德威克立刻意识到，这种射线很可能就是由中性粒子组成的，这种中性粒子就是解开原子核正电荷与它质量不相等之谜的钥匙。

所以，查德威克立刻着手研究约里奥·居里夫妇做过的实验，用云室测定这种粒子的质量，结果发现，这种粒子的质量和质子一样，而且不带电荷，他称这种粒子为"中子"。

查德威克因发现中子，解决了理论物理学家在原子研究中遇到的难题，完成了原子物理研究上的一项突破性进展，而获得诺贝尔奖，并被推选为剑桥龚维尔和凯尔斯学院院长。后来他因为和其他人不和而辞去院长的职务。

组成原子核的质子与中子有很多的用途。其中质子常被用来在加速器中加速到近光速后用来与其他粒子碰撞。这样的试验为研究原子核结构提供了极其重要的数据。慢速的质子也可能被原子核吸收用来制造人造同位素或人造元素。另外，核磁共振技术中就使用质子的自旋来测试分子的结构。

中子可根据其速度而被分类。高能(高速)中子具电离能力，能深入穿透物质。因此，中子是唯一一种能使其他物质具有放射性之电离辐射物质，此过程被人们称为"中子激发"。

"中子激发"被医疗界、学术界及工业广泛应用于生产放射性物质。

构成质子和中子的更小微粒

经过科学家的研究，人们普遍认为，质子和中子是组成物质的最小微粒。但是质子和另外的质子或电子高速碰撞的实验表明，它们事实上是由更小的粒子构成的，那更小的微粒就是夸克。

夸克是一种基本粒子，也是构成物质的基本单元。夸克互相结合，形成一种复合粒子，叫强子，强子中最稳定的是质子和中子，它们是构成原子核的单元。

19 世纪接近尾声的时候，科学家打开了"原子"的大门，证明原子不是物质的最小粒子。很快科学家就发现了两种亚原子粒子：电子和质子。

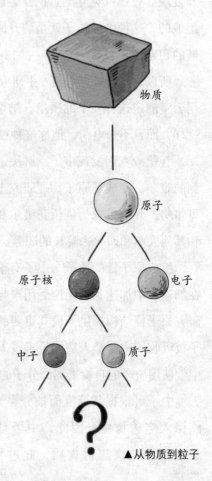

▲从物质到粒子

1932 年，詹姆斯·查德威克发现了中子，这次科学家们又认为发现了最小粒子。

在 20 世纪 30 年代中期科学家发明了粒子加速器，科学家们能够把中子打碎成质子，然后又把质子打碎成为更重的核子，观察碰撞到底能产生什么。20 世纪 50 年代，唐纳德·格拉泽发明了"气泡室"，将亚原子粒子加速到接近光速，然后抛出这个充满氢气的低压气泡室。这些粒子碰撞到质子（氢原子核）后，质子分裂为一群陌生的新粒子。这些粒子从碰撞点扩散时，都会留下一个极其微小的气泡，科学家无法看到粒子本身，却可以看到这些气泡的踪迹。并且这些细小的轨迹多种多样，数量众多，但这时科学家们无法证明这些亚原子粒子究竟是什么。

夸克模型分别由默里·盖尔曼与乔治·茨威格于 1964 年独立地提出。引入夸克这一概念，是为了能更好地整理各种强子，而当时并没有什么能证实夸克存在的物理证据，直到 1968 年，夸克的六种"味"才全部被加速器实验所观测到。

为此，物理学家牟雷·盖尔曼将之命名为"k - works"，后来缩写为"kworks"。之后不久，他在詹姆斯·乔伊斯的作品中读到一句"三声夸克（three quarks）"，于是将这种新粒子更名为"夸克（quark）"。

牟雷·盖尔曼指出，存在几种不同类型的夸克——至少有六种以上的"味"，这些味我们分别称之为上、下、奇、粲、底和顶。其中每一种味都带有三种"色"，即红、绿和蓝。（必须强调的

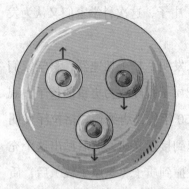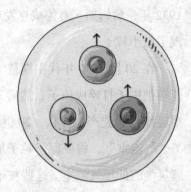

▲中子包含两个具有 -1/3 电荷的下夸克和一个具有 +2/3 电荷的上夸克，其总电荷数为 0。

是，这些术语仅仅是记号）一个质子或中子是由三个夸克组成的，每个一种颜色。一个质子包含两个上夸克和一个下夸克；一个中子包含两个下夸克和一个上夸克。我们可用其他种类的夸克（奇、粲、底和顶）构成粒子，但所有这些都具有大得多的质量，并非常快地衰变成质子和中子。

提到夸克质量，我们需要两个词：一个是"净夸克质量"，就是夸克本身的质量；另一个是"组夸克质量"，就是净夸克质量加上其周围胶子场的质量。这两个质量的数值一般相差甚远。一个强子中的大部分质量，都属于把夸克束缚起来的胶子，而不是夸克本身。尽管胶子的内在质量为零，但它们拥有能量。例如，一个质子的质量约为 938 MeV/C^2，其中三个价夸克大概只有 11 MeV/C^2；其余大部分质量都可以归属于胶子的 QCBE。

现在我们知道，不管是原子还是其中的质子和中子都不是不可分的，它们可以再分为夸克，它是构成物质的最小微粒。当然，未来或许有科学家会提出有其他更小的微粒，但是目前普遍公认组成物质的最小微粒就是夸克。

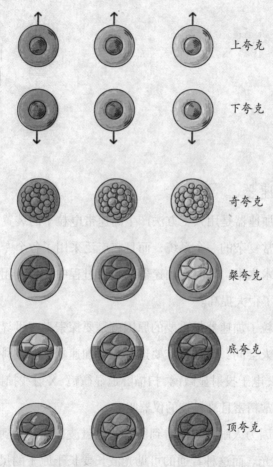

上夸克

下夸克

奇夸克

粲夸克

底夸克

顶夸克

▲夸克存在6种"味"，分别被称为上、下、奇、粲、底和顶。每种"味"都带有3种"色"。

粒子不但能自己旋转，还有「反面」

粒子加速器

粒子加速器是用人工方法产生高速带电粒子的装置。粒子加速器是非常复杂的一个系统，而且它广泛采用了各个专业领域内最高的技术水平，同时在加速器的建设过程中，各个相关领域的技术得到了很大提高。

建设粒子加速器最重要的原因就是要探索微观世界的深层奥秘，有些人会问：为什么非要选择粒子加速器呢？在科学领域光学显微镜、电子投射显微镜、扫描隧道显微镜、X射线扫描仪等等，不都是非常精密且高科技的仪器吗？

那是因为人眼并不能看到所有的电磁波，我们看到的只是普通的可见光。而这种普通的可见光波长要长于原子的尺度，当光波遇到原子时，就如同长长的海浪绕过了一块石头一样，根本达不到回射的效果，因此，显微镜是无法直接看到原子的。所以，人们必须借助波长更短的 X 光才能看到原子。而对于粒子物理学而言，要想看到小于核子（质子中子）的粒子，就需要更高的能量，所以人们需致力于提高加速粒子的能量，进而，粒子加速器经过无数次的实验与研究终于诞生了。

1919 年，物理学家卢瑟福用天然放射源实现了第一个原子核反应这一学术研究，不久之后，人们便提出了用人造快速粒子源来变革原子核的设想，然而没有一个科学家完成这一设想。1928 年伽莫夫关于量子隧道效应的计算表明，能量远低于天然 α 射线的粒子，也可透入核内，这个发现进一步激发了人们研制人造快速粒子源的热情。

20 世纪 20 年代中期，科学家们探讨过许多关于加速带电粒子的方案，同时也进行了许多次试验。终于在 30 年代初，高压

▲欧洲粒子物理研究所（简称 CERN，位于日内瓦城外）检测到的硫离子和金原子核的高能碰撞轨迹。

倍加器、回旋加速器、静电加速器相继问世，从而加速了粒子加速器的发展历程。1932 年，物理学家考克饶夫和瓦耳顿用他们建造的 700kV 高压倍加速器加速质子，实现了第一个由人工加速的粒子束引起的核反应。同年，劳伦斯等科学家发明了回旋加速器并开始运行。几年之后他们通过人工加速的 p、d 和 α 等粒子轰击靶核得到高强度的中子束，还首次制成了 Na、P、I 等医用同位素。以上这几位研制加速器的先驱者，后来都分别获得了诺贝尔物理学奖。在同一期间，物理学家范德格拉夫创建了静电加速器，它的能量均匀度高，被誉为核结构研究的精密工具。

粒子加速器俨然已经成为探索原子核、粒子性质的重要武器，在以后的几十年间，随着人们对微观物质世界深层结构研究的不断深入，各个科学技术领域对各种快速粒子束的需要不断增长，同时科学家也提出了多种新的加速原理和方法，发展了具有各种特色的加速器为人们服务。

在日常生活中，常见的粒子加速器有用于电视的阴极射线管及 X 光管等设施，同时也是探索原子核和粒子的性质、内部结构和相互作用的重要工具，并在工农业生产、医疗卫生、科学技术等方面都有重要而广泛的实际应用。

反粒子

著名英国物理学家、量子力学的创始人之一保罗·狄拉克在 1928 年提出了相对论性电子理论。在这个理论中他把相对论、量子和自旋这些在此前看来似乎无关的概念和谐地结合起来，并得出一个重要结论：电子可以有负能值。从此以后，人们才对电子和其他自旋 1/2 的粒子有了相当的理解。狄拉克后来被选为剑桥的卢卡斯数学教授（牛顿曾经担任这一教授位置，目前霍金担任此一职务）。霍金对狄拉克理论的评价非常高，他认为这是第一种既和量子力学又和狭义相对论相一致的理论，它在数学上解释了为何电子具有 1/2 的自旋，也即为什么将其转一整圈而不能转两整圈才能使它显得和原先一样。这个理论同时预言了电子必须有它的配偶——反电子或正电子。而后来 1932 年正电子的发现证实了狄拉克的理论，他因此获得了 1933 年的诺贝尔物理学奖。

在原子核以下层次的物质的单独形态以及轻子和光子，统称粒子。在历史上，有些粒子曾被称为基本粒子。所有的粒子，都有与其质量、寿命、自旋、同位旋相同，但电荷、重子数、轻子数、奇异数等量子数异号的粒子也存在，我们将之称为该种粒子的反粒子。除了某些中性玻色子外，粒子与反粒子是两种不同的粒子。

如果所有的粒子都有相应的反粒子，那么我们首先要检验的是质子和中子是否存在反粒子。1956 年美国物理学家张伯伦等在加速器的实验中，终于发现了反质子，即质量和质子相同，自旋量子数也是 1/2，但带一个单位负电荷的粒子。接着又发现了反中子。随着进一步的研究，科学家发现其实各种粒子都有相应的反粒子存在，这个规律被证明是普遍的。有些粒子的反粒子就是它自己，这种粒子称为纯中性粒子，比如光子就是一种纯中性粒

子，光子的反粒子就是光子自己。在如今的粒子物理学中，已不再采用狄拉克的空穴理论来认识正反粒子之间的关系，而是从正反粒子完全对称的场论观点来认识。

迄今，已经发现了几乎所有相对于强作用来说比较稳定的粒子的反粒子。如果反粒子按照通常粒子那样结合起来就形成了反原子。由反原子构成的物质就是反物质。

欧洲核子研究中心的科学家们在欧洲当地时间 2010 年 11 月 17 日表示，通过大型强子对撞机，已经俘获了少量的"反物质"，尽管只是少量的反氢原子而已，

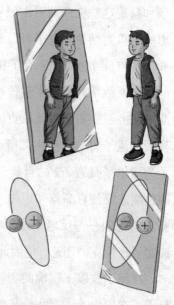

▲如同我们在照镜子时看到的镜像一样，宇宙中有一个和我们的世界十分相像的反物质世界，构成反物质的反原子由反电子、反质子等构成。

但已被科学界视为人类研究反物质过程中的一次重大突破。

实际上，早在 1995 年，欧洲核子研究中心就首次制造出了 9 个反氢原子。但反氢原子只要与周围环境中的正氢原子相遇就会湮灭，因此实验室中造出来的反氢原子稍纵即逝，科学家们根本无从研究它的真面目。这一次的实验亮点就在于这些反氢原子存在了大约 0.17 秒。尽管这个时间在普通人看来也许非常短，但对

科学家来说，已比先前有了实质性的延长，足够他们进行较为深入的观察和研究。

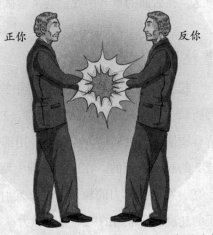

正你　反你

▲假如你和"反你"握手，会同时在一阵巨大的闪光中消失殆尽！

而在 2011 年 6 月 5 日，欧洲核子研究中心的科研人员在英国《自然·物理》杂志上报告称，他们成功地将反氢原子"抓住"长达 1000 秒的时间，也就是超过 16 分钟。科学家在论文中说，他们在这一轮研究中，先后用磁场陷阱抓住了 112 个反氢原子，时间从 1/5 秒到 1000 秒不等。根据分析显示，这次抓住的反氢原子大多数处于基态，也就是能量最低、最稳定的状态。这有可能是人类迄今首次制造出的基态反物质原子，如果能让反物质原子在基态存在 10～30 分钟，就可以满足大多数实验的需要。

现在我们知道，任何粒子都有会和它相湮灭的反粒子（对于携带力的粒子，反粒子即为其自身），也可能存在由反粒子构成的整个反世界和反人。然而，如果你遇到了反你，注意不要握手！否则，你们两人都会在一个巨大的闪光中消失殆尽。

为何我们周围的粒子比反粒子多得多？这是一个极端重要的问题，在后面的章节中我们会来尝试解决这个问题。

虚粒子

粒子可以分两种：组成宇宙中物质的自旋为 1/2 的粒子和在物质粒子间引起力的自旋为 0、1、2 的粒子。而在量子力学中，所有物质粒子之间的力或相互作用都被认为是由自旋为整数 0、1 或 2 的粒子携带的。在这类物理模型中，物质粒子（比如电子或夸克）发出携带力的粒子，这个发射引起的反弹，改变了物质粒子的速度，携带力的粒子然后和另一个物质粒子碰撞并且被吸收，这碰撞改变了第二个粒子的速度，就如同这两个物质粒子之间存在过一个力。

因为携带力的粒子不服从泡利不相容原理——这是它的一个重要的性质——这表明它们能被交换的数目不受限制，所以就可以引起很强的力。然而，如果携带力的粒子具有很大的质量，则在大距离上产生和交换它们就会很困难。这样，它们所携带的力只能是短程的。另一方面，如果携带力的粒子质量为零，力就是长程的了。我们将在物质粒子之间交换的这种携带力的粒子称为虚粒子，因为它们不像"实"粒子那样可以用粒子探测器检测到。但我们知道它们的存在，因为它们具有可测量的效应，即它们引起了物质粒子之间的力，具有可测量的效应。

根据量子力学的不确定性原理，宇宙中的能量于短暂时间内在固定的总数值左右起伏，起伏越大则时间越短，从这种能量起伏产生的粒子就是虚粒子。虚粒子是构成虚物质的微粒，和实物粒子有非常密切的关系，分布在实物粒子的周围，与实物粒子具有类似的性质。虚粒子不是为了研究问题方便而人为地引入的概念，而是一种客观存在。

自旋为0、1或2的粒子在某些情况下作为实粒子而存在，这时它们可以被直接探测到。对我们而言，此刻它们就呈现出为经典物理学家所说的波动形式，例如光波和引力波；当物质粒子以交换携带力的虚粒子的形式而相互作用时，它们有时就可以被发射出来。例如，两个电子之间的电排斥力是由于交换虚光子所致，这些虚光子永远不可能被检测出来，但是如果一个电子穿过另一个电子，则可以放出实光子，它以光波的形式为我们所探测到。

按其携带力的强度及与其相互作用的粒子，携带力的粒子可分为四种：引力、电磁力、弱核力、强核力。不过我们必须强调指出，将这种力划分成四种是人为的方法，这仅仅是为了便于我们建立部分理论，而不是别具深意。很多物理学家希望最终找到一个统一理论，该理论能将四种力解释为一个单独的力的不同方面。确实，许多人认为这是当代物理学的首要目标。最近，将四种力中的三种统一起来已经有了成功的端倪——我们将会在后文中逐步解决这些问题。

微小粒子间的四种「强大」力

引力："我"很弱，但到处都有"我"

携带力的四种粒子中的第一种力是引力，这种力是万有的，具体来说就是，每一个粒子都因它的质量或能量而感受到引力。

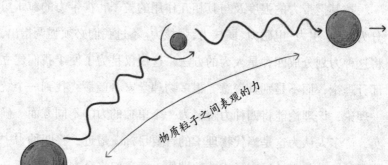

物质粒子之间表现的力

▲若一个物质粒子发出携带力的粒子，这个发射引起的反弹，会改变物质粒子的速度。若携带力的粒子和另一个物质粒子碰撞，会改变第二个粒子的速度，这就如同这两个粒子之间存在过一个力。

不过，引力比其他三种力都弱得多。它是如此之弱，以至于若不是它具有两个特别的性质，我们根本就不可能注意到它。

引力与物体的质量有关，物体如果距离过近会产生一定的斥力。牛顿发现了引力问题，在他思考问题时被苹果砸在头上，因此想到了引力的问题。但是由于时代的限制，牛顿对为什么会产生引力没有解释。在爱因斯坦的理论中引力已经不是一种基本力了，而仅仅是时空结构发生弯曲后的表现而已，而导致时空结构发生弯曲的原因就是巨大的质量。站在前人肩膀上，我们以现代量子力学的方法来研究引力场，把两个物质粒子之间的引力描述成由两个自旋为 2 的粒子交换引力子。

事实证明，引力的产生与质量的产生是联系在一起的，质量是由空间的变化产生的一种效应，引力附属质量的产生而出现。具体到引力定律上来说就是，两物体间的引力与它们的质量成正比，与距离的平方成反比。

两个可看作质点的物体之间的万有引力，可以用以下公式计算：万有引力等于引力常量乘以两物体质量的乘积再除以它们距离的平方。两个通常物体之间的万有引力极其微小，我们察觉不到它，可以不予考虑。比如，两个质量都是 60 千克的人，相距 0.5 米，他们之间的万有引力还不足百万分之一牛顿，而一只蚂蚁拖动细草梗的力竟是这个引力的 1000 倍！但是，引力虽然很弱，却具有一个独特的特性——它会作用到非常大的距离去，并且总是吸引的。天体系统中，由于天体的质量很大，万有引力就起着决定性的作用。在

天体中质量还算很小的地球，对其他的物体的万有引力已经具有巨大的影响，它把人类、大气和所有地面物体束缚在地球上，而在像地球和太阳这样两个巨大的物体中，所有的粒子之间有非常弱的引力，它们叠加起来却能产生相当大的力量。另外三种力或者由于是短程的，或者时而吸引时而排斥，所以它们倾向于互相抵消，因此不像引力这样能产生巨大的"力量"。

　　由于自旋为 2 的粒子自身没有质量，所以它所携带的力是长存的。太阳和地球之间的引力可以归结为构成这两个物体的粒子之间的引力子的交换。虽然所交换的粒子是虚的，但它们确实产生了可测量的效应——它们使地球绕着太阳公转！实引力构成了经典物理学家称之为引力波的东西，但它是如此之弱，要探测到它是如此困难，以至于还从未被观测到过。

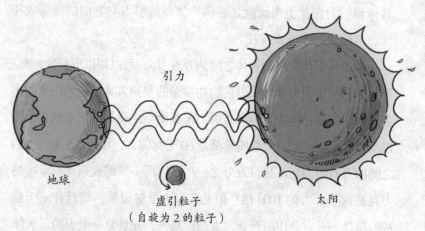

引力

地球

虚引粒子
（自旋为 2 的粒子）

太阳

▲地球和太阳之间的引力是由交换虚引力子引起的。地球和太阳中的单独粒子间微弱的力无限叠加，也会产生巨大的引力。

▼电磁力虽然比引力强得多，但对于地球或太阳来说，因
为都包含了几乎等量的正电荷和负电荷，单独粒子间
的吸引力和排斥力几乎全被抵消了，因此地球和
太阳间的电磁力却非常小。

电磁力

地球

虚光子
（自旋为 1 的粒子）

太阳

电磁力：比引力大 100 亿亿亿亿亿倍

在一般意义上，电磁力是指电荷、电流在电磁场中所受力的
总称。也有一种定义称载流导体在磁场中受的力为电磁力，而静
止电荷在静电场中受的力为静电力。

电磁力，它作用于带电荷的粒子（例如电子和夸克）之间，
但不和不带电荷的粒子（例如引力子）相互作用。电磁力比引力
强得多：两个电子之间的电磁力比引力大约大 100 亿亿亿亿亿（在
1 后面有 42 个 0）倍。在宇宙的四个基本的作用力（万有引力、
电磁力、强核作用力、弱核作用力）中，它的强度仅次于强核作
用力。在我们构建的物理模型中，共有两种电荷——正电荷和负
电荷，同种电荷之间的力是互相排斥的，而异种电荷则互相吸引。
一个大的物体，譬如地球或太阳，包含了几乎等量的正电荷和负

电荷。由于单独粒子之间的吸引力和排斥力几乎全抵消了，因此两个物体之间纯粹的电磁力非常小。

但是在微观世界里，电磁力在原子和分子的小尺度下起到了主要作用。带负电的电子和带正电的原子核中的质子之间的电磁力使得电子绕着原子核公转，正如同引力使得地球绕着太阳旋转一样。在量子物理学中，科学家将电磁吸引力描绘成由大量被称为光子的虚粒子的交换而引起的。读者应注意的是，这儿所交换的光子是虚粒子。但是，当电子从一个允许轨道改变到另一个离核更近的允许轨道时，会以发射出实光子的形式释放能量——如果其波长刚好，则为肉眼可以观察到的可见光，我们可以用诸如照相底版的光子探测器来观察。同样，如果一个光子和原子相碰撞，可将电子从离核较近的允许轨道移动到较远的轨道。这样光子的能量被消耗殆尽，也就是被吸收了。

电磁力靠电磁场，在两个具有电（或磁）荷物体间发生作用，磁场的基本量子是光子，或叫光量子。带电粒子间传递电磁作用的过程，是交换光子的过程。光子是电磁场的基本作用量子，频率为 υ 的光子，携带能量 $E=h\upsilon$（h是普朗克常数，其值为 6.6×10^{27} 尔格·秒），所以，交换光子的过程，也是交换能量的过程。由爱因斯坦质能关系式 $E=mc^2$（m代表质量）知道，交换能量的过程，也是交换质量的过程。这样看来，场传递相互作用的过程，是实实在在的，也是容易理解的。

而且近年来研究发现，在某些状况下，电磁力和弱核作用力会统一，这个发现使得人类距离大统一理论更进一步。

弱核力："我"很少见，但确实存在

第三种力称为弱核力，在日常生活中，我们并不能直接接触到这种力，但是它能导致放射性——原子核衰变。

弱核力只作用于自旋为 1/2 的物质粒子，而对诸如光子、引力子等自旋为 0、1 或 2 的粒子不起作用，因此关于弱核力的研究一直陷入停滞，直到 1967 年伦敦帝国学院的阿伯达斯·萨拉姆和哈佛的史蒂芬·温伯格提出了弱作用和电磁作用的统一理论后，弱作用才被很好地理解。此举在物理学界所引起的震动和影响，可与 100 年前麦克斯韦统一了电学和磁学并驾齐驱。

温伯格 – 萨拉姆理论认为，除了光子，还存在其他 3 个自旋为 1 的被统称作重矢量玻色子的粒子，它们携带弱力。它们叫 W+（W正）、W–（W负）和 Z0（Z零），每一个具有大约 100 吉电子伏的质量（1 吉电子伏为 10 亿电子伏）。上述理论展现了称作自发对称破缺的性质，它表明在低能量下一些看起来完全不同的粒子，事实上只是同一类型粒子的不同状态。在高能量下所有这些粒子都有相似的行为，这个效应和轮赌盘上的轮赌球的行为相类似。在高能量下（表现为这轮子转得很快时），这球的行为基本上只有一个方式，即不断地滚动着，但是当轮子慢下来时，球的能量就减少了，最终球就陷到轮子上的 37 个槽中的一个里面去。换言之，在低能下球可以存在于 37 个不同的状态。如果由于某种原因，我们只能在低能下观察球，我们就会认为存在37种不同类型的球！

在温伯格－萨拉姆理论中，当能量远超100吉电子伏时，这三种新粒子和光子都以相似的方式行为。但是，多数正常情况下粒子能量要比这低，粒子间的对称被破坏了。W+、W− 和 Z0 得到了大的质量，使之携带的力变得非常短程。萨拉姆和温伯格提出此理论时，很少人相信他们，因为按照当时的技术水准还无法将粒子加速到足以达到产生实的 W+、W− 和 Z0 粒子所需的 100吉电子伏的能量。但在此后的十几年里，在低能量下这个理论的其他预言和实验符合得可谓完美无缺。因为这个成就，他们和在哈佛的谢尔登·格拉肖一起被授予 1979 年的诺贝尔物理学奖（格拉肖教授提出过一个类似的统一电磁和弱作用的理论）。

随着时间流逝，1983 年，科学家们在 CERN（欧洲核子研究中心）发现了具有被正确预言的质量和其他性质的光子的三个带质量伴侣。而领导几百名物理学家做出此发现的卡拉·鲁比亚和另一位开发了反物质储藏系统的工程师西蒙·范德·米尔分享了1984 年的诺贝尔物理学奖。不过，霍金告诫跃跃欲试的年轻人，除非你已经是巅峰人物，否则要在当今的实验物理学上留下痕迹极其困难！

强核力：小心，"我"有"禁闭症"

四种携带力的粒子的第四种是强核力，又称强相互作用力，简称强力。它将质子和中子中的夸克束缚在一起，并将原子中的质子和中子束缚在一起。一般认为，称为胶子的另一种自旋为 1 的粒子携带强作用力，它只能与自身及夸克相互作用，强核力是四种基本力中最强的，也是一种短程力。

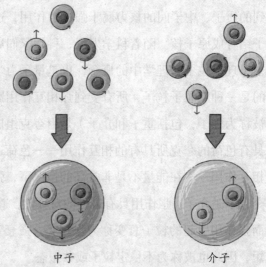

夸克被一串胶子粘在一起　　包含夸克和反夸克的对

中子　　　　　　　介子

看起来，强核力具有一种被称为禁闭的古怪性质，它总是把粒子束缚成不带颜色的结合体。这样一来，由于夸克有颜色（红、绿或蓝），人们就不能得到单独的夸克。反之，一个红夸克必须用一串胶子和一个绿夸克及一个蓝夸克联结在一起，即红＋绿＋蓝＝白。像这样的三胞胎构成了质子或中子。其他的可能性则是由一个夸克和一个反夸克组成的对，如红＋反红或绿＋反绿或蓝＋反蓝＝白。这样的结合构成称为介子的粒子。因为夸克和反夸克会互相湮灭而产生电子和其他粒子，因此介子是不稳定的。类似地，因为胶子也有颜色，所以色禁闭也使得人们不可能得到单独的胶子。相反地，人们所能得到的胶子团，其最后叠加起来的颜色必须是白的。而这样的团形成的是被称为胶球的不稳定粒子。

我们现在研究强核力的理论是量子色动力学，我们最早认识到的质子、中子间的核力属于强核力作用，这股力量让质子和中子结合成原子核。随着科学发展，科学家们后来进一步认识到强子（现在粒子物理学中的概念，也是量子力学中的重要概念，指的是一种亚原子粒子，所有受到强相互作用影响的亚原子粒子都被称为强子，包括重子和介子）是由夸克组成的，所以强核力是具有色荷的夸克所具有的相互作用——色荷通过交换 8 种胶子而相互作用——在能量不是非常高的情况下，强核力相互作用的媒介粒子是介子。强作用具有最强的对称性，遵从的守恒定律最多，而强作用引起的粒子衰变称为强衰变，强衰变粒子的平均寿命最短，因此也被称为不稳定粒子或共振态。

由于色禁闭使人们观察不到一个孤立的夸克或胶子，因此将夸克和胶子当作粒子的整个见解看起来有点"玄学"的味道。然而，通过研究我们发现，强核力还有一个叫作渐近自由的性质，即强核力的强度与距离成反比。当两个粒子贴近时，强核力几乎消失。它使得夸克和胶子成为定义得很好的概念。在正常能量下，强核力确实很强，它将夸克很紧地捆在一起。但是，大型粒子加速器的实验指出，在高能下强作用力变得弱得多，夸克和胶子的行为就像自由粒子那样，来回游走。

第五章

黑洞到底黑不黑

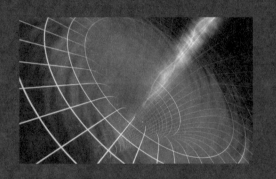

恒
星
的
生
命
终
结
等
于
黑
洞
的
诞
生

黑洞——捕获光线的终极恒星

1969 年，美国科学家约翰·惠勒于一项学术会议中率先提出了"黑洞"一词，以取代从前的"引力完全坍缩的星球"这一说法。而之所以叫"黑洞"，原因就是连光都会被这样的恒星所捕获。事实上，这个名字本身也使黑洞进入了科学幻想的神秘王国。另一方面，为原先没有满意名字的某种东西提供确切的名字也激发了科学家们科学研究的热情，使人们开始热衷于黑洞研究。由此可见，一个好名字在科学研究中也起着重要作用。

早在 1783 年时，剑桥的学监约翰·米歇尔就在一家颇有影响力的学术周刊上发表了一篇文章。他指出，一个质量足够大且密度足够大的恒星会有非常强大的引力场，以至于连光线都无法逃逸！任何从该恒星表面发出的光，在还没有达到远处时便会被恒星的引力吸引回来。米歇尔还认为，虽然我们无法用肉眼看到这些恒星上的光，但我们依旧可以感受到它们的存在。

假设你在地球表面向着天空发射一枚导弹，由于引力的原因，这枚导弹无论能飞翔多久，终将落向地面。而由于光的波粒二象性，光既可以被认为是波，也可以被认为是粒子。在光的波动说中，人们并不清楚光对引力如何响应，但如果光是由粒子组成的，人们则可以预料，光也会和导弹一样受到引力的作用。人们起先以为，光粒子是无限快地运动的，所以引力不可能使之缓慢下来，但是后来科学家研究发现，引力对光也有影响。

不过事实上，将光线比作炮弹似乎有一些不合适：从地面发射上天的炮弹将被减速，除非它的速度能达到逃逸速度，否则便会减速直到为零并停止上升，然后折回地面。但我们都知道的是，一个光子必须以不变的光速继续向上，这个矛盾如何解释呢？

直到 1915 年爱因斯坦提出了广义相对论，我们才有了引力影响光的协调理论，而到 1939 年，年轻的美国人罗伯特·奥本海默的研究结果圆满地解决了这个矛盾。

根据广义相对论，空间和时间一起被认为形成了称作时空的四维空间。这个空间不是平坦的，它被在它当中的物质和能量所畸变或者弯曲。

由于恒星的引力场改变了光线通过时空的路径，使之和原先没有恒星情况下的路径不一样，因此在恒星表面附近，光线在空

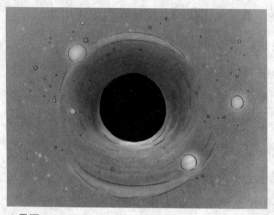
▲黑洞

间和时间中的轨道稍微向内弯曲。随着恒星收缩，它变得更加密集，这样在它的表面上引力场会变得更加强大。我们可以认为引力场是从恒星的中心点发出来的，随着恒星收缩，它表面上的点就会越来越靠近中心，这样使得它们感受到更强大的场。越强大的场使在表面附近的光线路径向内弯曲得越明显，最终，当恒星收缩到某一个临界半径的时候，表面上的引力场会变得非常强大，甚至将光线路径向内弯曲得非常厉害，以至于光不能再逃逸。

根据相对性理论，没有东西的运动速度能超过光。这样，如果光都逃逸不出去，那么没有任何其他东西可以逃逸，所以东西都会被引力场给拉回去。这样一来，坍塌的恒星便会形成一个围绕它的时空区域，任何东西都不可能逃逸而使得到远处的观察者能观测到。这个区域就形成了黑洞。

今天，多谢哈勃空间望远镜和其他专注于 X 射线和 γ 射线而非可见光的其他望远镜，让我们知道黑洞乃是普通现象——比人们原先以为的要普通得多。一颗卫星只在一个小天区里就发现了多达 1500 个黑洞。我们还在我们所处星系的中心发现了一个黑洞,其质量比 100 万个太阳的质量还要大。

恒星的最终命运

爱因斯坦的广义相对论是用于描述宇宙演化的神奇理论。在经典广义相对论的框架里,霍金和英国科学家彭罗斯证明了,在很一般的条件下(也就是不需要特定条件),空间—时间一定存在奇点。在奇点处,所有定律以及可预见性都失效。最著名的奇点即是黑洞里的奇点以及宇宙大爆炸处的奇点。

奇点可以看成空间时间的边缘或边界。只有给定了奇点处的边界条件,才能由爱因斯坦方程得到宇宙的演化。由于边界条件只能由宇宙外的造物主所给定,所以宇宙的命运就操纵在造物主的手中。这就是从牛顿时代起一直困扰人类智慧的第一推动力的问题。

因此,我们谈到质量比昌德拉塞卡极限还大的恒星在耗尽其燃料时,会出现一个问题:在某种情形下,为使自己的质量减少到极限之下而避免引起灾难性的引力坍缩,这些恒星可能会爆炸或抛出足够的物质。这看起来非常难以置信,因为不管恒星有多大,这个情形似乎都会发生。可是,我们怎么知道它必须损失重量呢?或者说,就算恒星可以设法失去足够多的重量以避免坍缩,那如果给白矮星和中子星加上足够多的质量,它们会怎么变化呢?会坍缩到无限密度吗?看起来,继续坍缩的结果似乎最终会

1. 主序阶段
2. 膨胀阶段
3. 红巨星
4. 超新星
5. 中子星

▲当具有超过太阳 1.4 倍质量（昌德拉塞卡极限）的恒星离开主序时，它膨胀形成红巨星。最终它以剧烈的超新星的形式爆发，并将其外层物质吹向宇宙中。其内核在引力作用下崩塌形成微小的、异常致密的中子星。当恒星成为超新星时，它的亮度增加了 108 倍，这将持续数天时间。

形成一个点，即恒星最终会坍缩成一个点的。然而，这样一个结果太过匪夷所思，以至于很多人拒绝相信，其中就包括昌德拉塞卡的老师爱丁顿。在爱丁顿看来，一颗恒星是绝不可能坍缩成一点的。而大科学家爱因斯坦也对此写了一篇论文，宣布恒星的体积不会收缩为零。这些外界的压力和否定动摇了昌德拉塞卡继续研究的决心，于是他只能放弃这方面的工作转而研究其他天文学问题。不过，真正有价值的工作是经得起时间考验的。1983 年，昌德拉塞卡被授予诺贝尔奖，其原因或多或少都与他早年所做的关于冷恒星的质量极限的工作有关。

昌德拉塞卡曾专门指出，不相容原理事实上并不能够阻止质量大于昌德拉塞卡极限的恒星发生坍缩。那么，根据广义相对论，这样的恒星又会发生什么情况呢？这个问题一度被搁浅，直到 1939 年年轻的美国人罗伯特·奥本海默首次解决了它。不过，奥本海默的研究成果非常富有戏剧性——他所获得的结果竟然表明，用当时的望远镜去检测是不会再有任何观测结果的。这样的情形再加上"二战"的到来，促使奥本海默投入到了紧张而密集的原子弹计划中去，无暇再顾及这个问题。而"二战"之后，多数科学家都被原子和原子核尺度的问题所吸引，不再关注这个引力坍缩的问题。于是，这一问题就慢慢被遗忘了。然而，问题迟早是问题。在20世纪60年代，现代技术的应用使天文观测的范围和数量都大大增加，重新激起了人们对天文学和宇宙学大尺度问题的兴趣。于是，奥本海默曾经的研究工作开始被重视，并被重新发现和推广，而引力坍缩问题也再次登上物理学的舞台。

黑洞的形成

在奥本海默的发现的基础上，我们可以以一个实际的例子来理解黑洞的形成。在此之前，需要提醒你的是，如果你有幸观察一个恒星坍缩并形成黑洞，为了理解你所看到的情况，你必须记得在相对论中没有绝对时间，也就是说每个观测者都有自己的时间测量。我们知道，引力会使时间变得缓慢，并且引力越强，这个效应也就越大。因此，在恒星引力场的影响下，在恒星上的某个人的时间将和在远处另外一个人的时间完全不同。

让我们假设有一个大无畏的、愿意为了科学而献身的航天员成为我们的试验品。现在，这个航天员正身处恒星表面与恒星一起坍缩。假设我们已经达成共识，航天员会根据自己的表每一

秒钟发射一个信号到一个绕着该恒星转动的空间飞船上去。然而由于坍塌恒星的巨大引力，这个航天员比绕着恒星转动的空间飞船上的同伴处于更强的引力场中，这样对他来说，1秒钟会比他同伴的1秒钟更长久。并且伴随着恒星的坍塌，这种感觉将会越来越明显，而那些在宇宙飞船里的伙伴则会觉得，这个宇航员传回的信号越来越慢，这一串信号的时间间隔越变越长。对此，我们再次假设在航天员手表的11点钟，恒星刚好收缩到它的临界半径以下。这时候，引力场已经强大到没有任何东西可以从中逃逸，也就是说他的信号再也无法从恒星表面传到空间飞船上了。于是，随着11点的临近，在空间飞船上的伙伴们会发现，从航天员那里传来的

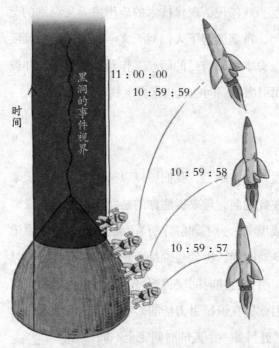

时间

黑洞的事件视界

11：00：00
10：59：59

10：59：58

10：59：57

▲假定一位航天员在一个塌缩的恒星表面着陆，并每秒发一个信号到绕该恒星转动的航天飞机上。若11点恒星刚好收缩到它的临界半径以下，则他在11点时发射的信号将永远无法到达航天飞机上了。

信号间隔时间越来越长。然而，这个效应在 10 点 59 分 59 秒之前是非常微小的。确切地说，在收到 10 点 59 分 58 秒和 10 点 59 分 59 秒发出的两个信号之间，他们只需等待比一秒钟稍长一点的时间。但是，接下来他们必须为 11 点发出的信号等待无限长的时间。根据航天员的手表，光波在 10 点 59 分 59 秒和 11 点之间由恒星表面发出，而从空间飞船上看，那光波被散开到无限长的时间间隔里。当宇航员的手表到达 11 点钟，恒星刚好收缩到它的临界半径，此时引力场强到没有任何东西可以逃逸出去，他的信号也就再也不能传到空间飞船上了。

作为观察者的你，也许并不能知晓宇航员们之间的信息，但接下来的一幕将让你瞠目结舌——你会惊悚地发现这个宇航员会被渐渐拉成意大利面条那样，然后被撕裂成两半！

要知道，你离开恒星越远则引力越弱，由于你脚部比头部离地球中心近 1～2 米，所以作用在你脚上的引力比作用到你头上的大。地球上的我们自然体会不到如此大的差别，但是对于这个身处坍塌恒星表面的宇航员来说，问题就没这么简单了。事实上，当这个宇航员没到达临界半径时，他不会有任何异样的感觉，甚至在达到那"永不回返"的那一点时，他都不会注意到。然而，当坍缩继续，几个钟头之内，作用到航天员头上和脚上的引力之差就会变得极其大，以至于将其撕裂。

黑洞的边界：事件视界

我们前面提到过，英国科学家罗杰·彭罗斯和霍金在 1965—1970 年间在经典广义相对论的框架里证明了，在很一般的条件下，空间—时间一定存在奇点，最著名的奇点即是黑洞里的奇点以及宇宙大爆炸处的奇点。

根据目前的黑洞理论，黑洞中心存在一个密度与质量无限大的奇点，所以要定义黑洞，必须先定义奇点。

借用爱因斯坦的橡皮膜类比，假如一个物体的能量或者质量足够大，它就会将橡皮膜刺出一个洞，而这个洞很可能就是所说的奇点。

其实从本质上来说，黑洞中心的奇点和大爆炸奇点相当类似，只不过它是一个坍缩物体和航天员的时间终点而已。我们已知，在此奇点处，一切科学定律和我们预言将来的能力都将失效。然而，对任何留在黑洞之外的观察者来说，这一影响显得无足轻重，因为从奇点出发的无论是光还是任何其他信号都不能到达他那儿。这样一个令人惊奇的事实促使罗杰·彭罗斯提出了宇宙监督假想，意译即是"上帝憎恶裸奇点"。具体来说，宇宙监督假想指明的是这样一种情形：由引力坍缩所产生的奇点只能发生在像黑洞这样的地方，在那儿它被视界遮住而无法被外界看见。严格来说，这被称为弱的宇宙监督猜测，即它使留在黑洞外面的观察者不致受到发生在奇点处的可预见性失效的影响，但这个观察者无法帮助那位落到黑洞里的可怜的航天员。

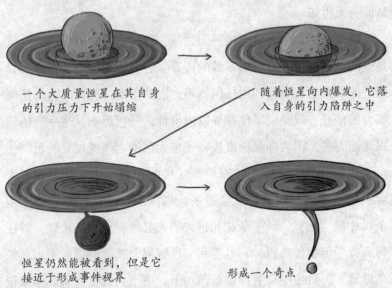

一个大质量恒星在其自身
的引力压力下开始坍缩

随着恒星向内爆发，它落
入自身的引力陷阱之中

恒星仍然能被看到，但是它
接近于形成事件视界

形成一个奇点

▲根据广义相对论，在黑洞中必然存在密度和时空曲率无限大的奇点，这和时间开端时的大爆炸相当类似。

▲两颗相互围绕着公转的中子星，由于引力波辐射使其能量损失，导致它们相互沿着罗旋轨道靠近，并在亿万年后碰撞。

对于经典黑洞而言，黑洞外的物质和辐射可以通过视界进入黑洞内部，而黑洞内的任何物质和辐射均不能穿出视界，因此又称视界为单向膜。视界并不是物质面，它表示外部观测者从物理意义上看，除了能知它（指视界）所包含的总质量、总电荷等基本参量外，其他一无所知。

　　事件视界，也叫事象地平面，是一种时空的曲隔界线，也就是空间—时间中不可逃逸区域的边界。它要说明的是，事件视界以外的观察者，无法利用任何物理方法获得事件视界以内的任何事件的信息，或受到事件视界以内事件的任何影响。这一点依然跟光速有关，因为即便速度快如光也无法逃出事件视界的范围。也正因为如此，产生了"视界"这样的译词，作为外界观察者可看见范围的界线。在霍金看来，黑洞的事件视界酷似诗人但丁口中的"地狱"——从这儿进去的人必须抛弃一切希望。对任何人或任何事件来说，一旦进入事件视界，就如同进入了永久的"地狱"，再也不会有任何东西留下，更不会被任何人观察或记录到。

黑洞的形状

黑洞有形状吗？这个问题，说起来非常复杂。

广义相对论预言，运动的重物会导致引力波的辐射，那是以光速旅行的空间曲率的涟漪。而事实上，引力波和电磁场的涟漪光波非常类似，但更难被探测到——它像光一样带走了发射它们的物体的能量。不过，借助于引力波引起的临近自由落体之间距离非常微小的变化，人们有望观察到它。目前，美国、欧洲和日本正在建造一些检测器，试图将10万亿亿分之一的位移，或把在10英里距离中的比一个原子核还小的位移测量下来。

我们可以肯定，因为任何运动中的能量都会被引力波的辐射所带走，所以在引力坍缩形成黑洞的过程中，运动会被引力波的发射阻断。这样一来，能预料到的情况是，不需要太长时间，黑洞就会平静下来，并逐渐趋于某种稳定状态。以现实中的情形来模拟就是，假设你扔一块软木到水中，软木一开始会翻上翻下折腾好一阵，然而一旦水面的涟漪将其能量带走，软木就会平静下来。不过，对星系而言情况更复杂。例如，绕太阳公转的地球就产生引力波，这个能量损失的效应会改变地球的轨道，让其越来越接近太阳，并最终撞到太阳上去。然而实际情况是，地球和太阳在此种情形下的能量损失非常小，也就只能点燃一个电热器，完全没办法短时间内撞到太阳上去！所以，担忧这个问题的人完全可以高枕无忧了。

与地球和太阳相比，恒星在引力作用下坍缩成黑洞时，产生

的任何运动都要快得多。正因为如此，相应的能量被带走的速率也要高得多。因此很短时间内就会达到某种稳定的状态。可问题是，这个最终状态究竟是什么样子呢？是像地球一样呈现椭圆形还是完美的圆形？过去的人们曾认为，最终状态应该

▲新西兰人罗伊·克尔认为，如果不旋转，黑洞会是完美的球形，如果旋转，黑洞在赤道附近就会鼓出去。

取决于形成黑洞的恒星的所有特征和细节。因此，黑洞可能会大小不一，形体各异，且其形状有可能是不断变化的。

形状不断变化？一会儿是圆形一会儿是方形？黑洞可能是这样的吗？为找出最终答案，加拿大科学家外奈·伊斯雷尔在1967年发表了一篇关于黑洞的革命性论文。在该论文中，伊斯雷尔证明了：任何无自转的黑洞都必须呈现完美的球形，其大小只依赖于它们的质量，且任何两个这样的同质量的黑洞必须是等同的。事实上，这可以由爱因斯坦方程的一个解来表述，这个解是在广义相对论发现后不久的1917年由卡尔·史瓦西找到的。一开始，伊斯雷尔的这一发现结果，被许多人甚至他本人认为是黑洞只能从具有完美圆球形的天体坍缩而成的证据。然而，由于实际上任

何一个真实的天体都不可能是完美无缺的圆球形，因此这个结论意味着一般情形下的引力坍缩会形成裸奇点。

这该如何解释呢？如果恒星在引力坍缩下形成的是裸奇点，那黑洞从何而来？为解释这一矛盾点，英国科学家罗杰·彭罗斯和美国物理学家约翰·惠勒提出了一种全新的见解，且解释得非常细致。他们认为，黑洞的行为看起来就像一个液体球。一开始，尽管一个天体的初始状态并非完美的圆球形，但随着它坍缩并形成黑洞，在引力波的发射过程中该天体会逐渐平静下来，并最终形成圆球状态。不久后，这种观点得到了更详细的计算支持，并最终为人们普遍接受。

需要注意的是，伊斯雷尔的结果只处理了由无自转天体形成的黑洞。而与液体球相类似，人们也会想到一个有自转的但并非由完美球形天体形成的黑洞。考虑到自转效应，这样的黑洞应该会在其赤道周围表现出某种隆起。事实上，人们已经在太阳上观测到了这种隆起。而在 1963 年，新西兰人罗伊·克尔发现了广义相对论的黑洞解，且比史瓦西解更具有普遍意义。这些"克尔"黑洞以恒常速度自转，其大小和形状只取决于它们的质量和自转速率。假如自转速率为零，黑洞便具有完美的球形，此时的解就和史瓦西解一致。假如有自转，黑洞便会在其赤道附近向外隆起。由此人们推测，对一个有自转的天体来说，它经历坍缩形成黑洞的最终状态就应该用克尔解来描述。

黑洞的检测

综观科学史，人们往往是先通过观测取得证据证明某个理论成立，然后才借助数学模型来进行非常详尽的推导。而反观黑洞的情形，却恰恰相反。它竟然是先通过数学模型进行推导后，才通过观测得出了证据。仅凭这一点，很多科学家就对黑洞持反对意见。这也无可厚非，毕竟关于这些天体的唯一证据还是根据广义相对论计算出来的，你怎么能要求人们去相信这种仅凭计算得出的理论呢？

看看黑洞的定义就知道，它不能发出光，那我们该怎样检测它呢？这就好比在煤库里找黑猫一样，难度可想而知。难道就真的无计可施吗？答案是否定的，我们有一种办法，正如约翰·米歇尔在他1783年的先驱性论文中指出的，黑洞仍然将它的引力作用到它周围的物体上。

1963年，加利福尼亚的帕罗玛天文台的天文学家马丁·施密特发现了一个微弱的恒星状天体。该天体位于名为射电波元3C273的方向上，3C273指的是剑桥第三射电源表中编号是273号的射电源。施密特测出了该天体的红移，发现其红移量非常大，绝不可能是引力场造成的。因为如果这是引力引起的红移，该天体肯定具有巨大的质量，并且离我们非常近，进而影响到太阳系中行星的运行轨道。那么，究竟是什么引起的红移呢？看起来，这只能是由宇宙膨胀引起的，而这又说明该物体离我们非常远。进一步来讲，既然在这么远的距离上我们还能看到它，那就说明它肯定非常明亮，且所发出的能量一定非常大。

为找到能产生如此大能量的原因，唯一可行的方案似乎就是引力坍缩，当然这不是一颗恒星的坍缩，而是星系整个区域的坍缩。幸运的是，在此之后，人们又陆续发现了若干个类似的其他类恒星状天体，即类星体。这些类星体虽然都有非常大的红移，但它们离我们非常遥远，很难借助观测它们来证实黑洞的存在。

终于在 1967 年，剑桥的一位研究生约瑟琳·贝尔发现了天空发射出无线电波的规则脉冲的物体，对黑洞存在的预言带来了进一步的鼓舞。有趣的是，一开始贝尔和她的导师安东尼·休伊

1. 超巨星
2. 黑洞
3. 吸积盘
4. 热点

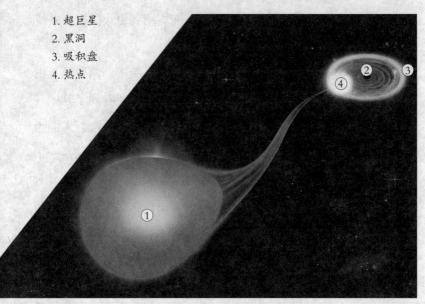

▲天鹅座 X-1 黑洞环绕一颗正被缓慢撕裂的蓝超巨星的轨道上运行。恒星的外层向黑洞移动，卷入吸积盘中，它具有着极高的温度并且发射出 X 射线。这些都能够从地球上探测到。

什诧异地认为，他们可能接触到了外星文明！因为这个原因，他们还将这四个最早发现的源称为LGM1~LGM4，LGM表示"小绿人"（"Little Green Man"）的意思。

但后来，他们和所有其他人都得到了不太浪漫的结论，即这些被称为脉冲星的物体，事实上是旋转的中子星，这些中子星由于它们的磁场和周围物质复杂的相互作用，从而发出无线电波的脉冲。对霍金来说，这无疑是个好消息——这是第一个中子星存在的证据。如前文所述，中子星的半径大约是10英里，只相当于恒星变成黑洞的临界半径的几倍。如果一颗恒星能坍缩到这么小的尺度，那么由此推想其他恒星也可能坍缩到更小的尺度并成为黑洞就理所当然了。

天文学家观测了许多恒星系统，在这些系统中，两颗恒星由于相互之间的引力吸引而互相围绕着运动。他们还看到了其中只有一颗可见的恒星绕着另一颗看不见的伴星运动的系统。人们当然不能立即得出结论说，这伴星即为黑洞——它可能仅仅是一颗太暗以至于看不见的恒星而已。如天鹅座 X-1 即为其中一例。对这现象的最好解释是，物质从可见星的表面被吹起来，当被抛向不可见的伴星之时，发展成螺旋状的轨道（这和水从浴缸流出很相似），并且变得非常热而发出 X 射线。为了使这机制起作用，不可见物体必须非常小，像白矮星、中子星或黑洞那样。

现在，从观察那颗可见星的轨道，人们可推算出不可见物体的最小的可能质量。在天鹅座 X-1 的情形，不可见星大约是太阳质量的 6 倍。按照昌德拉塞卡的结果，它的质量太大了，既不可能是白矮星，也不可能是中子星，所以看来它只能是一个黑洞。

不会"变小"的黑洞

对黑洞的探索一直在进行中，也许是女儿的出生给了霍金某些思想上的灵感，霍金开始思考当时困扰科学界的一个问题：究竟时空中有哪些点位于某个黑洞之内，又有哪些点位于黑洞之外呢？

由于大爆炸和黑洞奇点是如此之小，以至于其尺度趋向于零，所以科学家们不得不考虑其量子效应。在使用量子力学的理论对黑洞进行分析时，黑洞令人完全意想不到的性质被逐步揭示出来。我们将会看到，我们生活的宇宙比我们想象的还要神秘，并且十分完美。

在当时，霍金和好友彭罗斯讨论过给黑洞下一个定义的想法，即把黑

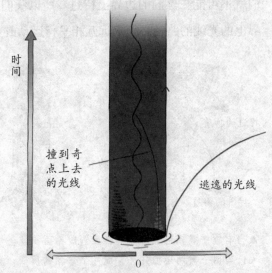

▲黑洞边界由刚好不能从黑洞逃逸，只能在边缘盘旋的光线路径形成。

洞定义为时间的某种集合，光线不可能逸出一段大的距离，而现在这正是人们所普遍采用的定义。这意味着黑洞的边界，或者说是事件视界，是恰好无法摆脱黑洞的那些光线组成的。

打一个比方，情况就像一个人在摆脱警察的追捕，他始终能保持跑得快一步，但不能彻底逃掉。

然而霍金很快意识到，这些光线的路径永远不可能互相靠近。如果它们靠近了，它们最终就必须互相撞上。这正如另一个人从对面跑来，正好和刚才领先警察一步的人相撞——这两个倒霉的人都会被紧随后面的警察抓住。或者说，这两条光线在这种情形下都会落到黑洞中去。但是，如果这些光线被黑洞所吞没，那它们就不可能在黑洞的边界上待过。所以我们可以推测，在事件视界上的光线的路径必须永远互相平行运动或互相远离。

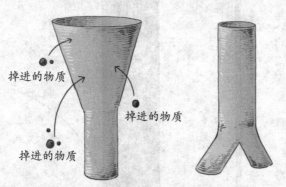

掉进的物质

掉进的物质

掉进的物质

▲当有物质或辐射掉进黑洞，黑洞边界面积就会增大；当两个黑洞碰撞并合并成一个单独的黑洞，其黑洞边界面积会大于或等于原先面积的总和。亦即黑洞不会变小。

理解上面所讲述的景象的另外一个途径便是，事件视界（也就是黑洞的边缘）就好比是阴影的边缘。它是光线逸出一段大的距离之边缘，但同样也是即将到来的厄运之阴影的边缘。如果你看到在远距离上的一个源（譬如太阳）投下的影子，你就会发现边缘上的光线不会互相靠近。

于是，我们也许可以得出这样一个结论：如果从事件视界（亦即黑洞边界）来的光线永远不可能互相靠近，则事件视界的面积可以保持不变或者随时间增大，但它永远不会减小，因为这意味着至少一些在边界上的光线必须互相靠近。事实上，只要物质或辐射落到黑洞中去，这面积就会增大。

如果想法更加大胆点，或者两个黑洞碰撞呢？它们会合并成一个单独的黑洞，这最后的黑洞的事件视界面积就会大于或等于原先黑洞的事件视界面积的总和。事件视界面积永远不减小的性质给黑洞的可能行为加上了重要的限制。

这个发现让霍金振奋不已，以至于夜不能寐。第二天，霍金给罗杰·彭罗斯打电话，讲述了这个令人振奋的发现，彭罗斯肯定了霍金的看法，最后两个人达成了共识：只要黑洞不再活动并处于某种稳恒的状态，那么黑洞的边界及其面积都应是一样的。

从黑洞旁的「虚空」中，发射出了粒子

热力学第二定律

无独有偶，黑洞面积的这种永不变小的行为，容易让人联想起被叫作熵的物理量的行为，熵可以用来测量一个系统的无序程度。

常识告诉我们，如果不进行外加干涉，事物总是倾向于增加它的无序度（比如你可以停止打扫你的房间，你会很快发现房间变得乱糟糟）。人们可以从无序中创造出有序来（例如你可以花一天时间打扫你的房间），但是必须消耗精力或能量，因而可以得到的有序能量也就减少了。

著名的热力学第二定律便是这个观念的一个准确描述。热力学第二定律包含以下内容：不可能把热从低温物体传到高温物体而不产生其他影响；不可能从单一热源取热使之完全转换为有用的功而不产生其他影响；不可逆热力过程中熵的微增量总是大于零。热力学第二定律体现了客观世界时间的单方向性，这也正是热学的特殊性所在。

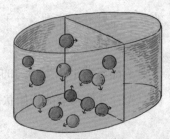

这个定律里最后一点指出，一个孤立系统的熵总是增加的，永远不会随着时间而减少。并且将两个系统连接在一起时，其合并系统的熵大于所有单独系统熵的总和。

例如，我们可以设想含有一盒气体分子的系统。分子可以认为是不断互相碰撞并不断从盒子壁反弹回来的弹力球，它们会互相碰撞，也可以从盒子的壁上弹回来。气体的温度越高，分子运动得越快，这样它们撞击盒壁越频繁越厉害，而

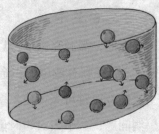

▲充满气体分子的盒子中，起初气体分子被一块隔板限制在盒子的左半边。一旦隔板移开，分子就会散开占据整个盒子，处于更无序的状态，也就是说，系统的熵增加了。

且它们作用到壁上的向外的压力越大。假定在这个系统最初的时刻，将所有分子用一块隔板限制在盒子的左半部，接着将隔板除去，这些分子将散开并充满整个盒子。

在以后的某一时刻，所有这些分子偶尔会都待在右半部或回到左半部，但最大的可能性是在左右两半分子的数目大致相同。这种状态比原先分子在左半部分的状态更加无序，所以人们说熵增加了，也就是无序度增加了。类似地，我们将一个充满氧分子

的盒子和另一个充满氮分子的盒子连在一起并除去中间的壁，则氧分子和氮分子就开始混合。在后来的时刻，最可能的状态是两个盒子都充满了相当均匀的氧分子和氮分子的混合物。这种状态比原先分开的两盒的初始状态更无序，即具有更大的熵。

黑洞是否具有熵

至此，黑洞究竟是否具有熵成为科学家研究的热点。1973年9月，已经颇有威望的霍金应邀访问莫斯科，和当时苏联两位最主要的专家雅可夫·捷尔多维奇和亚历山大·斯塔拉宾斯基讨论黑洞问题，三个人对当时黑洞最前沿的问题进行了讨论，最终这两位科学家说服霍金，按照量子力学不确定性原理，旋转黑洞应产生并辐射粒子。经过一番讨论之后，霍金在物理学的基础上相信他们的论点，但是对他们计算辐射所用的数学方法并不满意。所以霍金开始着手设计一种更好的数学处理方法，并于1973年11月底在牛津的一次非正式讨论会上将其公布于众。

不过在那个时候，霍金还没计算出实际辐射多少出来。在霍金心中，他预料要去发现的正是捷尔多维奇和斯塔拉宾斯基所预言的从旋转黑洞发出的辐射。然而，当霍金做了计算，得出的结果更让他迷惑——并不是旋转黑洞才会发出辐射，即使是无自转的黑洞，它们显然也应该会以某种恒定的速率产生并发射粒子。

一开始霍金以为，这种辐射表明在计算过程中，他所采用的若干项近似中，有一项是不成立的。霍金担心如果柏肯斯坦发现了这个情况，他就一定会用它去进一步支持他关于黑洞熵的思想，而这也是霍金竭力想避免的。然而，越仔细推敲，霍金越觉得这些若干近似项其实应该有效。但是，正如霍金自己所言，最后使他信服这辐射真实的理由是，这辐射的粒子谱刚好是热物体的辐射谱，这证明了黑洞以恰到好处的速率不断地发射出粒子，从而保证不去违反第二定律。此后，其他人用多种不同的形式重复了这个计算，所有人都证实了黑洞必须如同一个热体那样发射粒子和辐射，其温度只依赖于黑洞的质量——质量越大则温度越低。

但是，黑洞不是任何东西都可以吞噬的吗？何以黑洞会发射粒子呢？量子理论给我们的回答是，粒子不是从黑洞里面出来的，而是从紧靠黑洞的事件视界的外面的"空"的空间来的！我们可以用以下的方法去理解它：被我们设想为真空的空间不可能完全空无一物，不然的话各种场——如引力场和电磁场等——都必然严格为零，然而场的强度

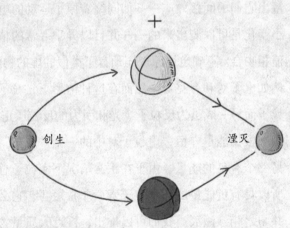

创生　　　　　　　　湮灭

▲紧靠黑洞边界的"虚空的"外面空间并非全空，会有一些光或引力的粒子对，它们在某一时刻同时出现，先相互离开，又相互靠近，最后相互湮灭。

及其时间的变化率可类比为粒子的位置和速度，根据量子力学里的"测不准原理"，对其中的一个量知道得越准确，另外一个量就越不可能测准。因此，在虚无空间里，场是不可能始终保持严格为零的，不然就会出现场的强度值恰好为零，同时它的变化率也恰好为零，即它既有准确的值（零）又有准确的变化率（也是零）。

实际情况就是，就一个场的强度而言，必须存在某种最小的不确定性值，或者说量子起伏，我们可以把这种起伏设想为光或引力的粒子对，它们在某个时刻同时出现，因运动而彼此远离，然后再度相遇并互相湮灭。

这些粒子被我们称为虚粒子，它们不像真的粒子那样能用粒子加速器直接探测到。然而，我们并不是束手无策，我们可以测量出它们的间接效应——如同绕着原子运动的电子能量发生的微小变化是可以测出来的——并且以异乎寻常的精确度与理论预期值相吻合。不确定性原理还预言了类似的虚的物质粒子对的存在，例如电子对和夸克对。然而在这种情形下，粒子对的一个成员为粒子而另一成员为反粒子（光和引力的反粒子正是其自身）。

根据能量守恒，虚粒子对中的一个"成员"有正的能量，而另一个有负的能量。由于在正常情况下实粒子总是具有正能量，所以具有负能量的那个粒子寿命非常短暂，它必须找到它的伙伴并与之相互湮灭。我们可以推出，接近大质量物体的一个实粒子比它远离此物体时能量更小，因为这个实粒子要花费能量抵抗这个大质量物体的引力吸引后，才能"逃逸"到远处。正常情况下，这粒子的能量仍然是正的。但是黑洞里的引力是如此之强,甚至在那儿一个实粒子的能量都会是负的。所以如果存在一个黑洞,某个带有负能量的虚粒子落到黑洞里变成实粒子或实反粒子是可能的。这种情形下,它不再需要和它的伙伴相湮灭了,它被抛弃的伙伴也可以落到黑洞中去。同时,具有正能量的它也可以作为实粒子或实反粒子从黑洞的邻近逃走。

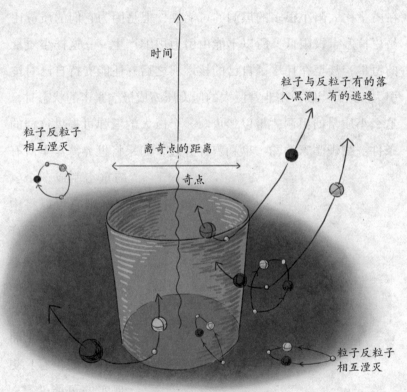

▲如果存在黑洞,带有负能量的虚粒子落到黑洞里可能变成实粒子或实反粒子,它被抛弃的伴侣可以落到黑洞里去,也可以从黑洞的邻近逃走。

对于一个远处的观察者而言，这看起来就像粒子是从黑洞发射出来一样。黑洞越小，负能粒子在变成实粒子之前必须走的距离越短，这样黑洞发射率和表面温度也就越大。

宇宙诞生之初的黑洞"鼻祖"

黑洞的大小引起了科学家的猜测，最早科学家们考虑过存在质量比太阳小很多的黑洞的可能性，但是因为它们的质量比昌德拉塞卡极限低，所以不能由引力坍缩产生——这样小质量的恒星，甚至在耗尽了自己的核燃料之后，还能支持自己对抗引力。只有当物质由非常巨大的压力压缩成极端紧密的状态时，这么小质量的黑洞才得以形成。一个巨大的氢弹可提供这样的条件：物理学家约翰·惠勒曾经算过，如果将世界海洋里所有的重水制成一个氢弹，则它可以将中心的物质压缩到产生一个黑洞。当然，我们也没办法去验证这个说法，因为那个时候地球上将没有人能生存！更现实的可能性是，早期宇宙必须存在

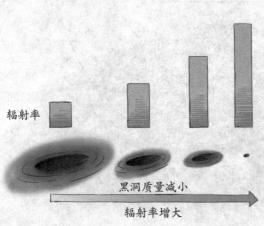

辐射率

黑洞质量减小

辐射率增大

▲往黑洞去的负能量流会减小黑洞的质量，随着黑洞质量的减小，其温度和辐射率却在增大。

一些无规性，否则现在宇宙中的物质分布仍然会是完全均匀的，而不可能形成如今漫天璀璨的恒星或者星系。当早期宇宙并非完全光滑和均匀的时候，在高温和高压条件下会产生这样一个比太阳质量小很多的黑洞。如果要给个理由的话，是因为一个比平均值更紧密的小区域，才能以这样的方式被压缩形成一个黑洞，这样的黑洞我们将其称为"太初黑洞"。这类黑洞应当有高得多的温度，发出辐射的速率也会大得多。

我们已经知道，黑洞向外辐射的正能量会与落入黑洞的负能量粒子流取得平衡，根据爱因斯坦的著名方程式 $E=mc^2$，能量与质量是有着线性关系的，因此，由于负离子流落入黑洞，黑洞的质量便会减小，随着黑洞质量的损失，黑洞事件视界的面积便会逐渐减小，但是黑洞熵的这种减小会因为所发出辐射的熵得到补偿，而且是"超额"的补偿，可见这绝对没有违反热力学第二定律。

还有，黑洞的质量越小，则其温度越高。这样当黑洞损失质量时，它的温度和发射率增加，因而它的质量损失得更快。

人们并不很清楚当黑洞的质量最后变得极小时会发生什么。

而对于一个质量为太阳的若干倍的黑洞来说，温度应当为绝对温标的千万分之一度，这比充满宇宙的微波辐射的温度（大约 2.7K）要低得多，所以这种黑洞的辐射比它吸收的还要少。假设宇宙命中注定一直要不断地永远膨胀下去，那么微波辐射的温度最终会降到低于这类黑洞的温度，黑洞便会开始损失能量，但是

要等它完全蒸发大概需要 1066 年，而这个数字远远比宇宙的年龄长得多，后者仅为 1010 年。

直到今天，我们依旧不是很清楚形成恒星和星系的"无规性"是否导致形成相当数目的"太初"黑洞，这要依赖于早期宇宙的条件的细节。所以，如果我们能够确定现在有多少太初黑洞，我们就能对宇宙的极早期阶段了解很多。科学家估计，质量大于 10亿吨（一座大山的质量）的太初黑洞，我们还是可以通过一些手段侦测到的，比如通过它对其他可见物质或宇宙膨胀的影响来进行探测。

如何观测太初黑洞

太初黑洞实在太过罕见，因此宇宙中不太可能存在一个近到我们可以将其当作一个单独的 γ 射线源来观察的太初黑洞。但是由于引力会将太初黑洞往任何物质处拉近，所以在星系里面和附近应该会稠密得多。虽然 γ 射线背景告诉我们，平均每立方光年不可能有多于 300 个太初黑洞，但它并没有告诉我们太初黑洞在我们星系中的密度。打个比方，如果它们的密度再高上 100 万倍，则离我们最近的太初黑洞可能大约在 10 亿千米远，这与已知的最远的行星冥王星距离差不多。在这个距离上去探测黑洞恒定的辐射，即使黑洞的功率达到 1 万兆瓦，仍是非常困难的。

为了观测到一个太初黑洞，人们必须在合理的时间间隔里，譬如一星期，从同方向检测到几个 γ 射线量子。否则，它们仅可能是 γ 射线背景的一部分。从普朗克量子原理（普朗克认为辐射能只能以他称为量子的这个基本单位的整数倍形式辐射出来。根据普朗克学说，一个光量子的大小取决于光的频率且与一个物理量成正比。普朗克把这个物理量缩写为 h，现在被称为普朗克常数）得知，因为 γ 射线有非常高的频率，每一个 γ 射线量子具有非常高的能量，这样甚至发射一万兆瓦都不需要许多量子。而要观测到从冥王星这么远来的、如此少的粒子，需要一个比任何迄今已造成的更大的 γ 射线探测器。况且，由于 γ 射线不能穿透大气层，此探测器必须放到地球以外的空间。

假设一颗像冥王星这么近的黑洞已达到它生命的末期并爆炸开来，我们去检测其最后爆炸的辐射就不是一件难事了。但是，如果一个黑洞已经辐射了 100 亿 ~ 200 亿年，那么它在未来若干年里到达它生命终结的可能性也是极小极小的！在过去或者将来的几百万年内，也许有这样或者类似

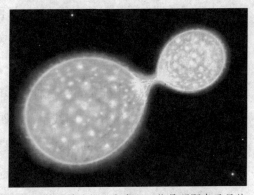

▲伽马射线暴的另一个来源可能是两颗中子星的合并。这些微小的恒星遗迹有时被观测到由于其曾经是双星系统，因而成对运行。如果它们持续螺旋靠近且最终相撞，科学家们计算得出它们应释放出短期但是强烈的伽马射线脉冲。

的事件发生过。所以，霍金打趣道："在你的研究津贴用光之前，为了有一合理的机会看到爆炸，必须找到在大约 1 光年距离之内检测任何爆炸的方法；还有一个问题是，你需要一个巨大型的 γ 射线探测器，以能观测到由爆炸产生的几个 γ 射线量子。"

而科学家利用原先用来监督违反禁止核试验条约的卫星检测到了 γ 射线暴，这种 γ 射线暴每个月似乎发生 16 次左右，并且大体均匀地分布在天空的所有方向上。

除此之外，有一种 γ 射线探测器也许有能力找出太初黑洞，那就是地球的整个大气层，一旦有一个高能量 γ 射线击中地球大气中层的原子，它就会产生一些正负电子对，当这些电子对又击中其他一些原子时，便会继续产生更多的正负电子对，这样一来便出现了所谓电子簇射的现象，其结果便是产生某种形式的光，我们将它称为切伦科夫辐射，因此，通过对夜空中光闪烁的搜寻，便可能探测到 γ 射线暴。

对于霍金来说，他非常希望这种情形成真，但是他必须承认，还可以用其他方式来解释 γ 射线暴，例如中子星的碰撞。不过，他乐观地表示，未来几年的观测，尤其是像 LIGO 这样的引力波探测器，应该能使我们发现 γ 射线暴的起源。

现在看来对太初黑洞探索的结果可能是否定的，但即便如此，这一结果仍然会给我们提供有关宇宙极早阶段的重要信息。如果早期宇宙曾经是紊乱或无规的，或者物质的压力很低，那么可以预料的是，会产生比我们对 γ 射线背景所作的观测所设下的极限更多的太初黑洞。只有当早期宇宙是非常光滑和均匀的，并有很高的压力，人们才能解释为何没有观测到太初黑洞。

被撕裂的航天员可以"循环再生"

黑洞辐射依赖于 20 世纪两个伟大理论，即广义相对论和量子力学所作的共同预言的第一个例子，因为它推翻了已有的观点，所以一开始就引起了许多反对。"黑洞怎么会辐射东西出来？"当霍金在牛津附近的卢瑟福－阿普顿实验室的一次会议上，第一次宣布自己的计算结果时，他受到了普遍质疑。甚至当霍金演讲结束后，会议主席、伦敦国王学院的约翰·泰勒宣布这一切都是毫无意义的，他甚至为此还写了一篇论文。

不过，事实是不以人们的主观意志而转移的。最终包括约翰·泰勒在内的大部分人都得出结论：如果我们关于广义相对论和量子力学的其他观点是正确的，黑洞就必须像热体那样辐射。这样，虽然我们还不能找到一个太初黑洞，但是如果找到的话，大家都认为它必须正在发射出大量的 γ 射线和 X 射线。霍金笑言，如果确实找到一个这样的黑洞，将肯定获得诺贝尔奖。

黑洞辐射的存在意味着，引力坍缩不像我们曾经认为的那样是最终的、不可逆转的。如果一个航天员落到黑洞中去，黑洞的质量将增加，但是最终这额外质量的等效能量会以辐射的形式回到宇宙中去。

这样，此航天员在某种意义上被"再循环"了。然而，这是

一种非常可怜的"永生"：当他在黑洞里被撕开时，他任何个人的时间概念几乎肯定都达到了终点，甚至最终从黑洞辐射出来的粒子的种类都和构成这航天员的不同——这航天员所遗留下来的仅有特征是他的质量或能量。

霍金用以推导黑洞辐射的近似算法在黑洞的质量大于几分之一克时颇有效果，但是，当黑洞在它的生命晚期，质量变成非常小时，这近似就失效了。最可能的结果看来是，它至少从宇宙的我们这一区域消失了，带走了航天员和可能在它里面的任何奇点（如果其中确有一个奇点的话）。这可以算得上是一个可能，说明量子力学有可能回避经典广义相对论所预言的奇点。不过霍金和其他人在 1974 年所用的方法不能回答诸如量子引力论中是否会发生奇点的问题。

所以，从 1975 年以来，霍金根据理查德·费曼对于历史求和的思想，开始发展一种更有效的途径来研究量子引力，这种方法对宇宙的开端和终结，以及其中的诸如航天员之类的存在物给出了答案，这些将在后文中讲述。我们将看到，虽然不确定性原理对于我们所有预言的准确性都加上了限制，同时它却可以排除发生在空间—时间奇点处基本的不可预言性。宇宙的状态及其所含种种内容，包括我们自身在内，在达到测不准原理设定的极限之前，完全由物理学定律所决定。

第六章

宇宙的起源和命运

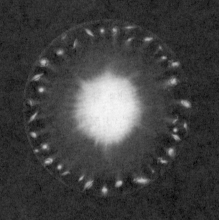

膨胀宇宙中，星系如何形成

热大爆炸模型

目前，热大爆炸模型得到了科学界和观测最广泛最精确的支持。简单来讲，大爆炸就是描述宇宙诞生初始条件及其后续演化的宇宙学模型。宇宙学家通常所指的大爆炸观点是：宇宙是在过去有限的时间之前，由一个密度极大、温度极高的太初状态演变而来，并经过不断的膨胀到达了今天这样的状态。根据 2010 年的最新观测结果显示，这些太初状态存在于 133 亿年至 139 亿年前。

如前文所述，广义相对论预言了黑洞中的奇点，且任何抛进黑洞的东西都将在奇点处被毁灭，只有其引力效应能继续被外界感觉到。与此同时，量子效应表明物体的质量和能量会最终回归宇宙，黑洞和其内的奇点也会被一起蒸发并消失。这样一来，人们不禁要问，量子力学对宇宙大爆炸和大挤压奇点也会产生同样的效应吗？或者说，在宇宙极早期或极晚期，当引力效应如此之强，以至于必须考虑量子效应时，会发生什么呢？

要弄明白量子力学究竟是如何影响宇宙的起源和命运的，我们必须先按照"热大爆炸模型"来理解宇宙的历史，这也是大家广为接受的宇宙模型。按照大爆炸模型，当宇宙膨胀时，其中的任何物体或辐射的温度都会不断下降。例如，当宇宙尺度变为原来的两倍，它的温度就会降低一半。前面我们提到过，因为温度即是对粒子平均能量的一种量度，因此这种冷却过程会对宇宙中的物体产生重大的影响。温度很高时，粒子通常会以极高的速度向不同方向运动，结果就是粒子不可能因为核力和电磁力的吸引而彼此聚集在一起。然而，随着温度不断降低，人们可以预料，粒子会相互吸引并且聚集在一起。

▲由于宇宙大爆炸，星系逐渐向外膨胀。创世大爆炸学说揭示了宇宙的起源，指出整个宇宙最初聚集在一个无限小的聚点中，100亿~200亿年以前，该小点发生了大爆炸，碎片向四面八方散开，逐渐演变成了现在的宇宙。

从亚里士多德开始，人们就一直在研究物质的构成。如今我们知道，化学反应中的最小微粒是原子，原子由电子、质子和中子组成，而质子和中子又由更小的夸克组成。此外，每一种粒子都有与之对应的、质量相同但电荷及属性都相反的反粒子存在。例如，电子的反粒子就叫作正电子，它具有正电荷，与电子的电荷相反。需要注意的是，当反粒子和粒子相遇时，它们会相互湮灭。而光是以另一类被称作光子的无质量粒子的形式参与进来的，邻近的太阳核反应炉对地球来说就是最大的光子源。太阳还是另一种粒子即中微子（和反中微子）的巨大源泉。

现在让我们重回大爆炸模型。在大爆炸瞬间，宇宙的尺度为零，因此温度是无穷高的。但随着宇宙不断膨胀，温度逐渐降低，在大爆炸后 1 秒，宇宙已经膨胀到足以使温度下降大约 100 亿摄氏度，这大约是现在太阳中心温度的 1000 倍，也是氢弹爆炸时产生的温度。此时，宇宙主要包含光子、电子、中微子及它们的反粒子，还有一些质子和中子。由于这些粒子曾经的能量很大，因此当它们碰撞时会产生很多不同的粒子或反粒子对。而新产生的粒子中的一些就会与反粒子同胞碰撞并湮灭。随着宇宙继续膨胀，温度继续降低，越来越多的电子和反电子对相互湮灭，同时产生出光子。不过，中微子和反中微子并没有互相湮灭掉，因为它们相互之间以及和其他粒子间的作用非常微弱，因此直到今天它们依然存在。当然，如果我们可以观测到它们，我们就能为非常热的早期宇宙阶段的图像提供一个好证据。不过，由于它们的能量实在太低了，因此我们根本无法直接观测到。

作用特殊的中微子

中微子又被称作微中子，字面意义是"微小的电中性粒子"，是组成自然界的最基本粒子之一，常用符号 v 表示。中微子不带电，个头非常小，质量几乎为 0，以接近光速运动。在自然界中，中微子广泛存在，可以轻松地穿过人体、建筑甚至地球，但几乎不与物质作用，被称为"鬼粒子"。

1930 年，奥地利物理学家泡利提出了一个假说，即在 β 衰变过程中，除电子外还有一种新粒子释放出去，并带走了另一部分能量。这种粒子被命名为"中微子"。1956 年，物理学家柯温和弗雷德里克·莱因斯观测到了中微子诱发的反应，第一次从实验上得到了中微子存在的证据。

产生中微子的途径有很多，大多数粒子物理和核物理过程都伴随着中微子的产生，如核反应堆发电、太阳发光、天然放射性、超新星爆发、宇宙射线等。此外，地球上岩石等各种物质的衰变等也会产生中微子。事实上，宇宙中充斥着大量中微子，大部分

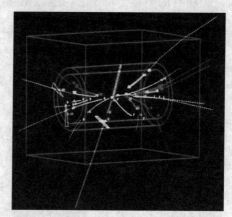

▲携带弱核力的 W 粒子的存在在 1983 年的一次粒子加速器实验中被揭示出来。一个质子和一个反质子相互碰撞并且湮灭，之后作为一个电子和一个中微子重新出现。在这一过程中，W 粒子发生衰变。

是宇宙大爆炸的残留。但奇特的是，中微子与物质的相互作用非常微弱，所以人们一直难以深入地认识它，甚至不知道它是否具有质量。

一开始，人们认为中微子是没有质量的，永远以光速飞行。但1998年，日本超神冈实验以确凿的证据发现了中微子振荡现象，即一种中微子能转换为另一种中微子。这间接地证明了中微子具有微小的质量。从那以后，许多实验都验证了这一结果。但即便如此，由于它的质量实在太小了，至今我们仍然没有测出准确的数值。另外，中微子的飞行速度非常接近光速，但同样到现在也没有测出其与光速的差别。

所有的中微子都不参与电磁相互作用和强相互作用，但参与弱相互作用。因此，中微子具有最强的穿透力，可以毫无障碍地穿越其行进道路上的任何东西，甚至是像地球直径那么大的物质。但在它们运动的过程中，100亿个中微子中只有一个会与物质发生反应，所以很难探测到它们。

正如前面讲到的，原生的中微子是在宇宙大爆炸时产生的，现在已经成为温度很低的宇宙背景中微子。另外，虽然单个中微子的质量非常小，但在整个宇宙中，中微子的数量非常巨大，密度可与光子相提并论，比其他所有粒子都要多出数十亿倍。有科学家因此推测，中微子或许就是组成神秘暗物质的物质，而暗物质目前被认为是构成宇宙质量的重要物质。虽然中微子振荡尚未完全研究清楚，但它不仅在微观世界最基本的规律中起着重要作用，而且与宇宙的起源与演化关系密切，如宇宙中物质与反物质的不对称就可能是中微子造成的。

当然了，正因为中微子只参与弱相互作用，所以当宇宙大爆炸发生后，中微子和反中微子并没有像其他正反粒子一样湮灭掉，而是"存活"了下来。如今，这些诞生于宇宙最早期的粒子，已成为我们观测宇宙早期阶段图像的检验。如果中微子确实像近几年的实验所暗示的那样，具有微小的质量，那么我们就能间接地检测到它们。就像前面说到的一样，中微子可以是"暗物质"的一种形式，这样一来它们就有足够的引力去遏止宇宙的膨胀，使之重新坍缩。所以说，中微子其实决定着宇宙是膨胀还是收缩。

炙热状态后，氦核形成了

当宇宙温度继续下降，最早期的原子核就将形成。大约在大爆炸后的100秒，宇宙温度降到了10亿摄氏度，这也是最热的恒星内部的温度。在这样的温度下，一种被称作强核力的力使得质子和中子被捆绑在一起而形成了核。我们知道，在足够高的温度下，质子和中子具有很高的运动能力，以至于可以在相互碰撞中独立地出现。但一旦温度降低到10亿摄氏度，它们就不再有足够的、能够克服强核力的能量，因此只能结合在一起而产生氘（即重氢）的原子核。这之后，包含一个质子和一个中子的氘核，会和更多的质子中子相结合形成氦核，它包含两个质子和两个中子，还产生了少量的一对更重的元素——锂和铍。我们可以计算

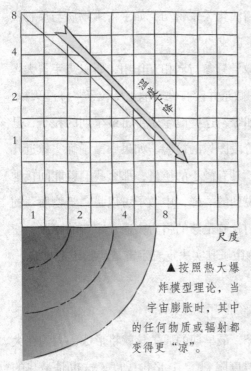

8

4

2

1

温度下降

1   2   4   8

尺度

▲ 按照热大爆炸模型理论，当宇宙膨胀时，其中的任何物质或辐射都变得更"凉"。

出，热大爆炸模型中大约有 1/4 的质子和中子转变成了氦核，还有少量的重氢和其他元素。而余下来的中子则会衰变成质子，这正是通常氢原子的核。

宇宙的热早期阶段图像的首次提出，是在 1948 年。当时，美国科学家乔治·伽莫夫和他的学生拉夫·阿尔法在合写一篇著名论文时，第一次提出了宇宙的热早期阶段的图像。当时，伽莫夫颇具幽默感地成功说服了核物理学家汉斯·贝特将他的名字加到这篇论文之上，由此使得其作者为"阿尔法、贝特、伽莫夫"，这正是希腊字母的前三个：阿尔法、贝他、伽马。这个名字对一篇关于宇宙开初的论文来说尤为适合！他们在该论文中给出了一个惊人的预言：来自宇宙非常热的早期阶段的辐射今天仍然存在，只不过由于宇宙膨胀，它的温度已经降低到只比绝对零度高几摄氏度。而这事实上正是彭齐亚斯和威尔逊在 1965 年发现的微波背景辐射。

事实上，由于对质子和中子的核反应了解得并不多，因此当时阿尔法、贝特和伽莫夫在论文中对早期宇宙不同元素比例所作的预言相当不准确。不过，按照更科学的方法重新进行计算后，现在的数据已经和我们的观测非常符合了。更何况，要解释为何宇宙中大约 1/4 的质量都处于氦的形式，无论用什么方法都很困难。因此可以这么说，至少一直回溯到大爆炸后大约一秒钟，这个宇宙的热早期阶段图像是准确的。

继续按宇宙的热早期阶段图像来描述宇宙，我们可以看到，在大爆炸后的几个小时内，氦和其他元素的产生就停止了。而在接下来大约 100 万年时间内，宇宙只表现为继续膨胀，而没有发生太多其他事情。最终，一旦宇宙温度降低到几千摄氏度，电子和原子核就不再有足够的能量来克服它们之间的电磁吸引力，而开始结合形成原子。这之后，宇宙作为整体会继续膨胀变冷，不过在那些密度略高于平均密度的区域内，膨胀会因为额外的引力吸引而减慢。

膨胀之后的坍缩

接上一节所述，在大爆炸发生的几分钟后，宇宙密度降低到大约空气密度的水平。此时，虽然在大尺度上宇宙物质几乎均匀分布，但仍然存在某些密度稍大的区域。因此，在此后相当长的一段时间内，这些区域内的物质会通过引力作用吸引附近的物质，使自身密度更大，最终导致该区域内的膨胀停止并开始坍缩。当

它们坍缩时，这些区域之外的物体的引力可能会使它们开始很慢地旋转。而随着坍缩区域越来越小，它的自转也会越来越快，这就像在冰面上自转的滑冰者，当他把双臂收紧时身体就会旋转得更快。最终，当这个区域变得足够小时，它会旋转得足够快以至于能够和引力的吸引相平衡。这样一来，蝶状的旋转星系就诞生了。与此同时，在其他一些区域，由于刚好没有得到旋转，就顺势形成了被叫作椭圆星系的椭球状的物体。在这些星系中，由于星系的个别部分稳定地围绕着它的中心旋转，因此它会停止坍缩。不过，这样的星系整体是不旋转的。

时间流逝中，星系中的氢气和氦气会碎裂成一些更小的云块，它们会在自身的引力下坍缩。在它们收缩的过程中，气体的温度会升高，而一旦温度增高，核反应就开始了，它会将氢转变成更多的氦。这些类似于核弹爆炸的反应释放出的热一方面

▲ 宇宙演化

会使恒星发光，另一方面还会增大气体的压力，由此导致星云不再继续收缩。正是以这样的方式，星云合并成了类似于太阳的恒星，将氢燃烧成氦，并把得到的能量以光和热的形式辐射出来。这个状态有点像气球——在试图使

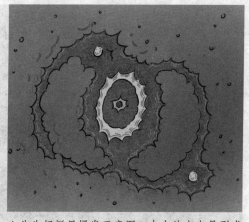

▲此为超新星爆发示意图，中央的斑点是形成的新的中子星，斑点周围的环是爆发吹散的膨胀物质。

气球膨胀的内部空气压力和试图使气球缩小的橡皮张力之间，存在着一个平衡。

热气体星云一旦合并成恒星，核反应所产生的热和引力吸引相平衡，恒星就会稳定地维持很长时间。不过对质量更大的恒星来说，由于引力的作用更强，需要有更高的温度与之相平衡。因此，它们里面的核聚变反应会进行得非常快，在大约1亿年的时间里燃料便会消耗殆尽。这时候，恒星会表现为略微收缩，并随着温度的不断升高而把氦转变成更重的元素，如碳和氧。然而，由于这一过程并不会释放出太多的能量，因此就产生了危机。

接下来的事情，对人们来说其实是未知的，因为人们并不清楚会发生什么。不过，大体来看，恒星的中心区域有可能会坍缩

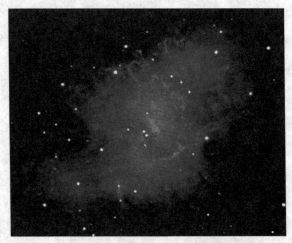

◀蟹状星云是一颗在 1054 年爆炸的恒星的遗迹。这一爆炸被当时的中国和日本天文学家所记录。研究表明在周围的云层中有着大量的氦，这是在恒星爆炸前产生的。

成某种非常紧致的状态，就像中子星或黑洞。此外，恒星还可能经历一次剧烈的爆炸而把它的外层抛出去，这个巨大的爆炸就是超新星爆发。这时候，恒星的亮度会超过星系中所有其他恒星的亮度。另一方面，一些恒星在寿终正寝之际还会产生一些较重的元素，这些元素会被抛回到星系内的气体中，为下一代恒星提供原材料。

对我们的太阳来说，因为它属于一颗第二代或第三代恒星，因此它大约含有 2% 的此类重元素。具体来说，太阳大约形成于 50 亿年前的一块自转气体云。该气体中含有更早时期超新星爆发的碎屑，云块中的大部分气体经过演化形成了太阳，或者被向外吹走。而另外一些较少量的元素聚集在一起，形成了绕太阳运动的天体——行星。我们的地球，就是这些行星中的一颗。至此，热大爆炸模型中宇宙天体的形成就完成了。

生命存在的根源和方式

生命的形成

地球的形成我们知道了，那么生命是如何形成的呢？

一开始，当地球刚刚凝聚起来时，它非常炙热而且没有大气。随着时间的流逝，地球逐渐冷却下来，从岩石中溢出的气体开始成为大气。当然，这时候的大气是无法使生命存活的，因为它不包含氧气，却包含很多对生命有毒的气体，如硫化氢（臭鸡蛋味的难闻气体）。不过，即便条件苛刻，还是有一些生命的原始形式生存繁衍了下来。

人们认为，最开始的生命原始形式的形成，可能得益于原子的偶然结合。这些偶然结合形成了某种叫作宏观分子的大结构，并在海洋中发展开来。同时，这种宏观分子结构还能将海洋中其他的原子都聚集起来，再次形成与自身相类似的结构。于是，这样的发展方式逐渐进阶，这些分子不断自我复制并繁殖下去。当然，某些时候，复制也会出现偏差，且多数偏差都会使宏观分子失去复制能力而死亡，但为数不多的误差会产生出新的宏观分子。这些新的宏观分子可以更有效地复制自己，能力更强，更有优势，也就自然而然取代了原先的宏观分子。

人们推测，进化正是以这样的方式开始，逐渐导致了越来越复杂的自我复制有机体的发展。现在看来，当时形成的第一种原始的生命形式消化了包括硫化氢在内的不同物质而释放出氧气，使得大气更加适合生命生存。随着这种过程的逐步发展，地球上的大气渐渐被改变到今天这样的成分，并且允许鱼类、爬行动物、哺乳动物以及像人类这样的高等生命形式发展。

事实上，自我复制是生命系统不同于化学系统的特征。在地球诞生后很久，遗传物质出现了。这些物质越聚越多，分子间互

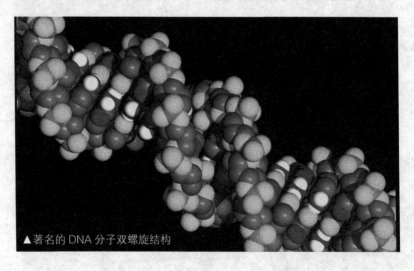

▲著名的 DNA 分子双螺旋结构

相影响而形成了更复杂的混合物。这些混合物再加上来自外太空的陨石提供的某些元素，最终产生了DNA（脱氧核糖核酸）。DNA有两个特质：一是它能通过转录产生mRNA（信使核糖核酸），而mRNA能翻译出蛋白质；二是它能自行复制。DNA的这两个特质也是细菌类有机生物的基本特质，而细菌是生命界最简单的生命体，也是目前我们能找到的最古老的化石。

　　狭义地说，自我复制指的是DNA分子的解旋、两链分开，各自合成互补链，从而形成两个新的却又相同的分子。广义地说，它包括细胞分裂和繁殖。当然，分裂和繁殖也是在分子复制的基础上进行的，就结果来说，它所形成的是两个相同的个体。生命繁殖具有周期性，还会因为疾病、杂交等原因造成某些生物失去繁殖力，因此繁殖难以作为生命的基本属性。与此相反，只要不是处于解体状态下的生命，总存在自我复制。因此，自我复制是贯穿生命过程始终的属性。

　　DNA的复制本领来自其自身特殊的构造。DNA是双股螺旋，细胞的遗传信息都在上面。不过，复制过程会出错，或是分子群的一小部分出错，这样复制工作就不完美，制造出的蛋白质就可能不完全相同。但正因如此演化才得以进行——一旦生命有了不同的形态，自然就开始实施淘汰和选择的法则，使得生物一步步演化下去，由此形成我们今天看到的地球面貌和我们自身。

混沌边界条件

虽然说，宇宙大爆炸理论，即宇宙由热状态开始膨胀然后逐渐冷却，跟我们现在的观测结果非常一致，但关于宇宙，还有很多问题无法解答。

例如，早期宇宙为何这么热？在大尺度上，为何宇宙看起来如此一致？为何在空间的所有地方和所有方向上宇宙看起来都是一样的？特别是，当我们朝不同方向看时，微波背景辐射的温度为何都相同？很明显，大爆炸开始时连光都来不及从一个区域传到另一个区域，更别提其他东西了。我们看到的景象却是，所有的区域看起来都是一样的。此外，宇宙为何在今天仍然以临界速率膨胀？大爆炸模型中，宇宙一开始即以这样一种接近于区分坍缩和永远膨胀模型的临界膨胀率膨胀，可现在都过去了 100 亿年，它为何还保持这样的膨胀率？要知道，哪怕在大爆炸后第一秒膨胀率小了 10 亿亿分之一，今天也不可能出现这样的宇宙——宇宙早已经坍缩了。与此同时，虽然在大尺度上宇宙看起来均匀一致，但从局部来看它包含许多无规则性，例如恒星和星系。如果这样的理解是正确的，即这些是从早期宇宙中不同区域间的密度很小的差别发展而来，那么这些密度起伏的起源又是什么呢？

根据前文所述我们可以发现，广义相对论本身无法解释上述问题。相对论预言一切开始于大爆炸奇点处，而在奇点处一切科学定律都失效。因此，我们根本无法得知从奇点处会出来什么。

换言之，如果我们要在相对论下研究宇宙，奇点就是我们最大的障碍，我们必须从此理论中割除奇点。这样一来，如同人为设置的一个界限一样，时空就有了一个边界，即大爆炸的开端。

人们认为，可能是上帝颁布了一组定律让宇宙开始，然后又让它按照这些定律来自行演化。可是，上帝是怎样选择宇宙的初始状态和结构的呢？时间起始处的"边界条件"又是什么呢？为此有人猜测，上帝或许是以一种超出我们理解范围的原因选择了

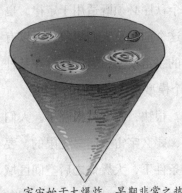

宇宙始于大爆炸，早期非常之热

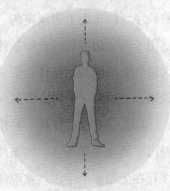

宇宙在大尺度上相当均匀

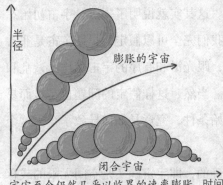

宇宙至今仍然几乎以临界的速率膨胀

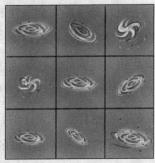

宇宙包含局部的无规性，诸如恒星和星系

宇宙的初始结构。可问题又来了，既然其选择让宇宙以我们无法理解的方式开始，又为什么让宇宙按照一种可以被我们理解的定律去发展呢？其为什么不干脆让一切都按照我们无法理解的方式去发展？这样一来，我们或许从一开始就不会费心去研究所谓的宇宙开端和演化了。事实上，这个秩序可以是，也可以不是由神灵主宰的。但无论如何，只有假定这种秩序不但适用于定律，而且能应用在时空边界处的初始条件才是自然的。也就是说，宇宙的秩序可以是由上帝制定的，但这个秩序必须既适用于定律，也适用于时空边界处的初始条件。在这个前提下人们想象，可以有大量具有不同初始条件、服从定律的宇宙模型，但应该存在某种原则，去抽取一个初始状态，即一个模型来代表我们的宇宙。

那么，有没有这样一种模型呢？很快，答案就揭晓了。人们提出了混沌边界条件。该条件假定，要么宇宙空间是无限的，要么存在无限多个宇宙。在混沌边界条件下，大爆炸之后空间区域具有任意结构，换言之，空间区域在任意给定结构上的概率跟其他结构的概率是完全一样的。这其实就说明了一点，宇宙初始态的选择完全是随机的。那么我们完全可以假定，早期宇宙是非常紊乱和无规则的。这是因为，跟光滑和有序的宇宙相比，紊乱和无序的宇宙存在的概率更大。当然，这样假定的问题也是显而易见的，即这样紊乱无序的初始条件，究竟是如何导致了今天这个看起来平滑和规则的宇宙的？

如果混沌边界条件是正确的，即宇宙确实是空间无限的或存在无限多个宇宙，那么就会存在某些从光滑一致的形态开始演化的大的区域。也就是说，人类很可能就诞生在这样的区域内。这种情形下，生命诞生的过程就颇具戏剧性，非常像那个经典的故事——一群猴子在敲打字机，多数猴子打出来的都是废话，但纯粹出于偶然，某些猴子可能碰巧打出了莎士比亚的一首十四行诗。同样的道理，对宇宙中的智慧生命人类来说，我们也可能就是以这样偶然的方式出现并存在的。

人存原理

人类是偶然产生的？这个看似荒诞的说法，却得到了理论上的支持。为解决混沌边界条件中所讲的人类可能是偶然诞生的问题，人们又提出了人存原理。假定只有在光滑的区域里星系、恒星才能形成，才能有合适的条件使得像人类这样复杂的机体存在，并能质疑宇宙为何如此光滑的问题。这就是人存原理。用一句话来解释就是：我们看到的宇宙之所以如此，是因为我们的存在。

1973 年，在纪念哥白尼诞辰 500 周年的"宇宙理论观测数据"会议上，天体物理学家布兰登·卡特首次提出了人存原理的概念。不过，他当时的理论站在了哥白尼的对立面上。要知道，哥白尼的理论其实否认了人类在宇宙中的特殊地位，即地球并不是宇宙的中心，而太阳也只是一颗位于银河系的典型恒星。但卡特大唱反调，在其论文中明确写道："虽然我们所处的位置不一定是'中心'，但不可避免地，在某种程度上我们仍处于特殊的地位。"

如今，在宇宙学中，人存原理是一种被认为物质宇宙必须与观测它的智能生命相匹配的理论。它被阐释为：如果万物与自然定律存在，那么万物与自然就一定会被人类发现；如果万物与自然定律不以这个状态出现，那么人类就不会知道它们是怎样出现的；如果只有在存在人类的很少一些宇宙中，智慧和生命才能发展并质疑宇宙为何是这个样子，那么答案很简单——如果它不是这个样子，我们就不会在这里。

存在着两个版本的人存原理——弱人存原理和强人存原理。在一个大的或具有无限时空的宇宙里，只有在某些有限的区域内才存在智慧生命发展的必要条件。这被称为弱人存原理。它说明

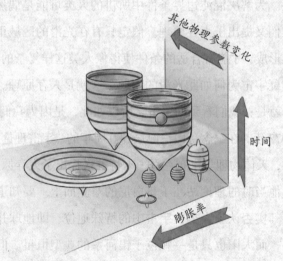

▲这是强人存原理的示意图，它认为应该存在许多不同的宇宙，但只有少数像我们所在的宇宙中，智慧生命才得以发展。

了这样一个事实——如果人类发现自己在宇宙中所处的位置满足人类生存所需的条件，他们不应为此惊讶，因为事实正是如此。此外，弱人存原理还可以解释大爆炸为何发生在约100亿年前。原因很简单，因为智慧生物确实需要这么长时间的演化。鉴于此，很少有人怀疑弱人存原理的合理性。

比起弱人存原理，强人存原理走得更远。

它认为，还存在许多不同的宇宙或一个单独宇宙的许多不同区域，每个区域都有自己的初始结构或科学定律。大多数宇宙都不具备复杂机体发展的条件，只有少数像人类存在的这样的宇宙中智慧生命才得以发展并对宇宙发出质疑。

事实上，科学并不仅仅包括理论，它还包括许多基本数，如电子电荷的大小及质子和电子的质量比。目前，人类只能由观测找到它们而不能从理论上预言它们。可奇怪的是，这些数值看起来非常适合生命发展，或者说，它们似乎被刻意调整到了适合生命发展的地步。举例来说，假设我们调整一下电子的电荷数，哪怕仅仅调整一点点，恒星都无法燃烧产生氢和氦，或者从未爆炸过。有人针对此现象猜测，或许存在其他不需要太阳这样的恒星的智慧生命，这样这些数值就不用被这么重视了。然而，这依然说明了，允许任何智慧生命形式发展的数值范围都是很小的。或者说，在大部分数的集合中，宇宙也会产生，但它不会包含任何一个能质疑宇宙的人。看起来，这一点非常支持强人存原理。

当然，强人存原理存在很多问题。例如，我们如何确定所

有不同的宇宙都存在？如果不同的宇宙都互相分开，我们怎样观测在其他宇宙中发生的事情？另外，看起来强人存原理和整个科学史的潮流背道而驰。因为我们长久构建起的从托勒密的地心宇宙论发展而来的现代宇宙图像，却被强人存原理宣布为仅仅是因为我们的缘故而存在。这简直令人难以置信！如果这是真的，那么与我们太阳系或者银河系无关的其他星系，又有什么存在必要呢？事实上，如果人们能够证明，许多宇宙的初始状态都可以演化为我们现在看到的宇宙，那么至少能说明弱人存原理是有意义的。而且，若事实确实如此，那么一个从某些随机的初始条件发展来的宇宙，就该包含许多光滑一致并适合智慧生命演化的区域。另外，如果宇宙的初始条件必须仔细地选择才能出现现在我们看到的这一切，那么宇宙就不太可能包含有生存存在的区域。在大爆炸模型中，热并不能在任意方向上从一个区域流到另一区域。这说明，介于我们现在观测到的宇宙微波背景辐射在每个方向上温度都相同，因此宇宙的初始状态在每一处都必须有同样的温度。与此同时，宇宙的初始膨胀率也必须被精确地选择以至于直到现在它仍能用来避免坍缩。一切都表明，如果直到时间的开端处热大爆炸模型都是正确的，那么我们就必须非常仔细地选择宇宙的初始态。

宇宙没有边界，不被创生，也不被消灭

虚时间和欧几里得时空

奇点定理说明宇宙开端处存在一个奇点，但同时，广义相对论预言一切科学定律和预言都在奇点处失效。这样一来，我们想找出一个在奇点处适用的统一定律几乎不可能。那么，寻求统一理论的道路该如何继续呢？

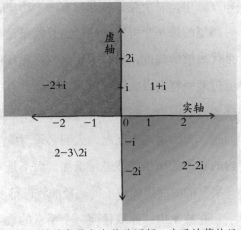

▲上图是对实数和虚数的图解。为了计算的目的，必须用虚数而不是用实数来测量时间。事件具有虚值时间坐标的时空被称为欧几里得时空。

奇点定理从另一方面给了我们希望。事实上，它真正说明的是，引力场变得如此之强，以至于量子引力效应变得相当重要。也就是说，人们可以用量子引力理论取代经典理论来描述宇宙的极早期阶段。在量子引力理论中，通常的科学定律可能在任何地方有效，甚至包括时间开端这一点。换言之，量子引力理论中根本不存在任何奇点，因此我们也不必再为奇点假设任何新的定律。

看起来，在量子引力论的框架下，我们完全有可能找到制约宇宙的终极理论。只不过，人类目前的科技水平还未达到这一层。然而，关于终极理论的一些特征已经被人们找到，其中一个就是虚时间。

具体来说，终极理论应该兼容弗里德曼提出的按照对历史求和，并用公式来表述量子理论的思想。而在弗里德曼的历史求和方法中，一个粒子并非只有一个历史，而被认为是通过空间—时间里的每一个可能的路径，且每条途径都有一对相关的数（一个代表波的幅度，另一个代表它在循环中的位置）。因此，粒子通过某一特定点的概率就是将通过此点的所有可能的历史的波相叠加。然而当人们实际地进行这些求和时，遭遇到了严重的技术问题。要回避这个问题，人们必须对发生在所谓的"虚"的时间内的粒子的途径的波进行求和，而不是对发生在你我经验之内的"实"的时间内的粒子的途径的波进行求和。

在数学中，你取任何一个平常的数（或"实的数"）和它自己相乘，结果肯定是一个正数，如2乘2是4，但–2乘–2也是4。然而，存在一种特别的数，也就是虚数，它们自乘时得到的是负数。

这里的虚数单位叫作 i，它自乘时得到 –1，2i 自乘得 –4。人们可以通过图解来理解实数和虚数。

实数可用一根从左至右的线代表，中间是零点，–1、–2 等负数在左面，1、2 等正数在右面。虚数，则由书页上一根上下的线来代表，i、2i 等在中点以上，–i、–2i 等在中点以下。换言之，如果实时间是书页上从左至右的水平线，那么虚时间就是书页的上方和下方，即和实时间呈直角。

事实上，实时间内的时间只有两种可能，一是时间可以往过去回溯直到无穷，另一种是时间在一个奇点处有一个开端。这样一来，人们可以把实时间认为是从大爆炸起到大挤压止的一根直线。然而，虚时间的出现使人们完全可以考虑和实时间成直角的另一个时间方向。在这个时间的虚方向，不需要任何形成宇宙开端或终结的奇点。

实际计算中，一方面，人们必须利用虚数而不是用实数来测量时间。这个时候，时空的区别就完全消失了。像这样事件具有虚值时间坐标的时空被称为欧几里得型，它是以建立了二维面几何的希腊人欧几里得的名字来命名的。如果我们把这样的二维时间模型扩展到四维，就得到了类似今天我们称之为欧几里得时空的东西。在这样的时空中，时间方向和空间方向没有什么不同。另一方面，在常用的实的时空里，事件的时间坐标被赋予实数，因此人们很容易区别这两种方向——在光锥中的任何点都是时间方向，除此之外是空间方向。

弯曲时空的行为——宇宙的量子态

虚时间的概念有些类似于将负数这个概念引入数学中。常见的情况是，在"真实"世界中，如果一个篮子里根本就没有放鸡蛋，那么篮子里的鸡蛋数目是不可能减少的。但在包含了负数的数学中，人们却可以这样理解：篮子里其实有 –2 个鸡蛋。通过这样引进"虚"时间的概念，霍金开始了构筑早期宇宙状态的所有要素。

终极理论的另一个特征是爱因斯坦的思想，即引力场是由弯曲的时空来代表的。爱因斯坦认为，一般情况下，粒子在弯曲的时空中总是试图沿着最接近于直线的某种路径来走，但因为时空并不像原先看起来那么平坦，因此粒子走的路径就似乎是被引力场折弯了。事实上，如果我们将范围扩大，用弗里德曼的历史求和方法去处理弯曲时空的观点，那些粒子的历史求和的东西就变成了代表整个宇宙历史的完整又弯曲的时空。

不过，正如上一节所说，为了避免实际操作时遇到的技术困难，这些弯曲的时空必须采用欧几里得时空。换句话说就是，时间必须是虚的，并且是与空间的各个方向不可区分的。这样一来，对一个具有一定性质的时空来说，为计算它可能出现的概率，我们必须在具有这种性质的叙事中，把跟全部历史相对应的波相叠加。唯有如此，我们才能弄清楚宇宙在实的时间里可能会有什么样的历史。

前面我们提到过，在广义相对论的经典理论中，宇宙只

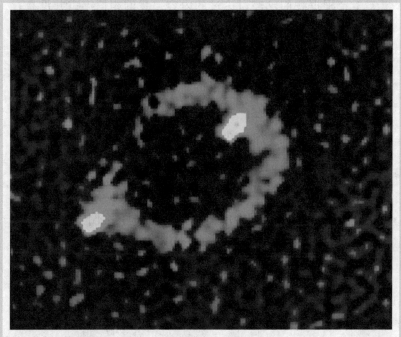

▲这是一张科学界称之为"爱因斯坦环"的遥远星系的太空照片，首次发现于1987年。爱因斯坦预言了这种环的存在：在一些特殊的情况下，由于星系引力场的作用，遥远天体所发出的光线会严重变形，以至于产生一个完整的圆环。

能以两种方式来行为：其一，是它已经存在了无限长的时间，其二，是它在过去的某一个有限时间的奇点处有一个开端。事实上，根据我们已经讨论过的内容，我们相信宇宙并没有存在很久。而如果宇宙具有一个开端，那么我们就必须知道它的初始状态。这是因为，根据广义相对论，要想知道究竟该用爱因斯坦方程的哪个解来描述宇宙，就必须知道宇宙是如何开始的。简单来说就是，在广义相对论的经典理论中，其实存在着许多不同的、可能弯曲的时空，而每个都对应于宇宙的不同初始态。而如果我们知道宇宙的初始状态，我们就能知道它的整个历史。

与此相同，在量子引力论中，也存在着许多不同的可能的宇宙量子态。如果我们知道在历史求和中的欧几里得弯曲时空在早期时刻的行为，我们也就能知道宇宙的量子态。

宇宙没有边界，它不被创生也不被消灭

仔细分析会发现，在量子理论中，除了宇宙可能存在的两种方式（或者它已经存在了无限长时间，或者在有限的过去的某一时刻的奇点处有个开端）外，还存在第三种可能。由于量子理论中的时空是欧几里得型，即时间方向和空间方向具有相同的地位，因此时空在范围上可能是有限的，但没有形成边界或者边缘的奇点。这样的时空其实就像地球的表面，只不过变成了四维。这种可能下的宇宙是具有"虚"时间的宇宙，它避

免了制造麻烦的奇点问题，使所有参与到宇宙演化的要素都能存在于初始状态的宇宙中去，甚至包括我们所理解的时间和空间也能发生弯曲。

一个例子可以很好地理解霍金的无边界宇宙概念。假设一个人走在地球表面上，无论他走多远，也不管他朝着哪个方向走，就算他整年整年不停地走下去，他也不会遇到任何一个标志东西边界的路牌。现在，让这个人走在一个巨型气球的表面上，情况会怎样呢？很明显，情况是一样的。事实上，这个人不但可以走在气球的外表面上，也可以走在气球的内表面上。这样的情形其实并不要求这个无边界的宇宙具有一定的形状和大小，它只需要给出连续的时间和空间，并像气球的外表面和内表面那样没有边界就行了。

事实上，如果欧几里得时空可以延伸到无限的虚时间，或在一个虚时间的奇点处开始，那么我们就会再次遇到那个问题，即上帝知道宇宙如何开始，我们却对此毫不知情且一头雾水。另一方面，量子引力论提出了一种新的可能性，因为在这里时空没有边界，因此根本没必要指定边界上的任何行为，也就不存在上帝或某些新定律给时空设定边界条件的时空边缘。这样一来，宇宙就是完全自足的，它不会被任何在它之外的东西所影响，不被创生也不被消灭，它就是存在。我们完全可以说，宇宙的边界条件就是它没有边界。

从数学角度来说，我们有理由认为，一个量子化的初始宇宙

经演化后最可能形成的就是一个具有无边界性质的宇宙。不过，我们还不能从其他原理中推导出时空有限而无界的结论。因此，在量子理论的情况下，我们也就无法判断其预言和观测究竟是否一致。事实上，虽然我们已经知道了量子引力论所具有的特征，但我们还没有能力将其准确地定义出。而且，任何一种描述整个宇宙的模型用数学方法来计算都是极其复杂而困难的，这使得我们根本没办法通过计算去做出准确的预言。

第七章

虫洞和时间旅行

我们真的能前往过去和未来吗

"我想乘坐这架机器去时间里旅行。"1895 年，当这句话出现在英国作家 H.G. 威尔斯的小说《时间机器》中时，所有人都被这个"时间旅行"的概念给惊呆了。在时间里旅行？前往过去和未来？这太不可思议了！

可事实证明，这个不可思议的想法有着异常旺盛的生命力！《时间机器》之后，描述时间旅行的作品层出不穷。日本动画片《哆啦 A 梦》中，机器猫用写字台的一个抽屉往返于过去未来中；电影《超时空效应》中，主角道格·卡琳利用一种类似于房间的时光机器回到二十多个小时前拯救受难的人们；《哈利·波特》中，哈利和朋友们则使用魔棒和咒语跑到另一个时间……

当然，各种各样的科学幻想并不能代表真正的科学理论，人们更关心的是，时间旅行是否真的可行？我们到底能否前往未来或者回到过去？

在相对论出现之前，人们一定会毫不犹豫地否定这种可能性。"昨日之日不可留"，时间是恒定的，过去的时间永远不可能再回来！但爱因斯坦"相对论"的提出，彻底颠覆了人们的时间观念，并将"时间旅行"的可能性纳入科学讨论的范畴。在相对论中，爱因斯坦提出"时间是相对的"的说法，认为我们感知到的时间其实是相对的、可以伸展和收缩的、视观察者移动多快而决定的。此外，爱因斯坦还提出光速不变假设，即光的速度是恒定的，一切物质的运动速度都无法超越光速。因此，假设一个人的运动速度接近或达到光速，那么时间就会变慢或静止。

这太令人振奋了！由相对论，人们意识到，时间旅行是可行的。当我们以接近光速移动时，时间将变得缓慢；跟光速一样的速度移动时，时间将静止；而以超越光速的速度移动时，时光将

▲艺术家笔下的反物质太空飞行器

会倒流。为印证这一点，1971年，物理学家乔·哈菲尔和理查·基廷将高度精确的原子钟放在飞机上绕世界飞行，然后把读到的时间跟留在地面上一模一样的时钟作比较。结果证实，飞机上的时钟走得比实验室里的慢。也就是说，运动速度变快时，时间确实变慢了。当然，由于飞机的速度无法跟光速相比，实验测得的数值差距非常小。

现在我们知道，理论上的时间旅行是可行的，可实际上，要实现时间旅行科学家还需要做很多努力。

旋转＋卷曲的宇宙：时间旅行的前提

物理定律允许时空旅行的第一个预示，来自数学家、逻辑学家库尔特·哥德尔。

作为一名数学家，哥德尔因证明了不完备性定理而名震天下。该定理说，不可能证明所有真的陈述，哪怕你仅仅去证明像算术一样显然枯燥乏味的学科中的所有真的陈述。像不确定性原理一样，哥德尔的不完备性定理也许是我们理解和预言宇宙能力的基本极限。不过，迄今为止它还未成为我们寻求大统一理论的障碍。

后来，哥德尔和爱因斯坦在普林斯顿高级学术研究所里一起共度了晚年。就在那时，他通晓了广义相对论。随后的1949年，哥德尔发现了爱因斯坦方程的一个新解，即广义相对论允许新的时空。我们知道，虽然宇宙的很多不同的数学模型都满足爱因斯坦方程，但这并不表明它们对应于我们生活其中的宇宙。要决定它们能否对应于我们的宇宙，我们必须检查这些模型的物理预言。

简单来讲，哥德尔的时空有一个看似古怪的性质：整个宇宙都在旋转。可以想见，旋转意味着不停地转下去。可这难道不表明存在一个固定的参考点吗？对此，人们肯定会问："它相对于何物旋转呢？"这个答案大体来说是这样的：远处的物体相对于宇宙中的小陀螺或陀螺仪的指向旋转。而这，事实上导致了一个附加的数学效应，即如果一个人从地球出发到远距离之外的星球去旅行，然后再返回，那么他将会在出发之前即已回到地球。

在爱因斯坦看来，广义相对论是不允许做时间旅行的。然而，他的方程实实在在存在着这种可能性。不过，因为我们的观测显示我们的宇宙并没有旋转，或者至少没有很明显地旋转。因此，哥德尔宇宙不对应于我们生活的宇宙。另外，哥德尔宇宙也没有在膨胀，而我们的宇宙却在膨胀。不过，科学家随后又从广义相对论中找到了其他一些更合理的时空，它们允许旅行到过去。

允许旅行到过去的时空，其一是旋转黑洞的内部，另一个就是包含两根快速穿越的宇宙弦的时空。宇宙弦是弦状的物体，它具有长度但截面很小。具体来说，它们看起来更像是在巨大张力下的橡皮筋，其张力大概是1亿亿亿吨。举例来说，如果

把一根宇宙弦系到地球上，它会把地球在 1/30 秒的时间里从速度为零加速到每小时约 96 千米。初听起来，宇宙弦似乎是科学幻想的产物，但我们有理由相信，它可能在早期宇宙中由对称破缺机制产生。要知道，由于宇宙弦具有非常大的张力，且可以从任何形态开始，因此一旦它们伸展开来，就会加速到非常高的速度。

综上所述，一旦宇宙弦时空开始扭曲，就能旅行到过去。然而，微波背景以及诸如氢和氦元素的丰度观测表明，早期宇宙并不具有这些模型中允许时间旅行的那种曲率。且如果无边界理论是正确的，那么从理论上也能推导出这个结论。这样一来，问题就变成了：如果宇宙初始并没有时间旅行所必需的曲率，那我们随后能否把时空的局部区域卷曲到这种程度，以至于能够允许时间旅行呢？

在旋转中变化而又充满力量的黑洞内外时空

我们知道，星球或银河等天体旋转的情形是很普遍的。那么，假设黑洞也在旋转，它内外两侧的时空会变成什么样子呢？

如前文所述，黑洞正是旋转中天体的重力被崩坏而形成的。因此，把黑洞想象成也在旋转就不会不自然了。另外，如果黑洞确实在旋转，那么它内外两侧的时空就会变得非常有趣，并拥有不可思议的力量。对此我们可以假设，在正在旋转的黑洞附近，光朝着四面八方射出来。这样一来，随着光因重力而被拉向黑洞内部，黑洞的旋转方向也会因其拉扯周围的时空而旋转，这时候，就算光本来是朝着黑洞的中心笔直地飞进去的，仍会在不知不觉间远离中心。

简单来讲，旋转黑洞也叫克尔黑洞，具有两个不重合的视界和两个无限红移面。前文讲过，视界是黑洞的边界，而无限红移指的是光在这个面上发生了无限红移，即光从一个边界射出后发生了引力红移。对此，如果红移之后的频率是零，那么这个边界就是无限红移面。

根据彭罗斯的推理，能量较低的粒子穿入能层后，会从能层中获得能量，并以很高的能量穿出能层。这些能量是黑洞的转动动能。这样一来，如果粒子获得能量的过程不断反复，粒子就会提取到黑洞的能量，从而使能层变得很薄。慢慢地，黑洞转动的动能就减少了。到最后能层消失时，克尔黑洞会退化成不旋转的施瓦西黑洞。此时，粒子就不能再继续提取黑洞的能量了。

需要说明的是，在克尔黑洞中的中心区的是一个奇环，而非一个奇点。这个奇环是由奇点围成的一条圆圈线。随着旋转黑洞越转越快，黑洞的内外视界可能会合二为一，此时的黑洞被称为极端克尔黑洞。当旋转速度再加快一点，视界就会消失，奇环会裸露在外面。不过，这个说法跟彭罗斯的宇宙监督假设相矛盾。因此，在此前提下，黑洞的转速是受限的。此时，若飞船从外部飞入黑洞，就一定会穿过内外视界的区域，并在进入内视界内部

后在其中运动而非停在奇环上。与此同时，飞船还可以从这里进入其他的宇宙中，并从其他宇宙的白洞中出来。

宇宙监督定律，是英国科学家彭罗斯提出的一个设想，即每一个奇点外都该有一个视界范围，以防奇点被抛到整个宇宙中。而除了上述情况，在另一种情况下，宇宙监督定律可能会这样认为：由于内视界内部的区域不稳定，因此飞船或许会在到达该区域之前就撞向奇环。所以说，宇宙监督不仅不允许我们所处的宇宙受到奇点的干扰，甚至也封住了一切可能穿越虫洞的入口，完全不允许我们去发现其他的宇宙。

我们已经知道，黑洞的表面叫作事象的地平面。如果黑洞没有旋转，那么在地平面的外侧，如与重力取得平衡的架好的火箭，对黑洞而言就可能处于静止中。然而，一旦黑洞旋转，周围的时空本身就会被黑洞拉出。这时，即便在地平面的外侧，在逐渐接近某个距离的过程中，不管再怎么努力，都无法使它静止下来。看起来，这就像被黑洞的旋转拉着一样不停运动起来。

不过，黑洞内部发生的情形更为有趣。在旋转的影响下，黑洞内部又出现了一个事象的地平面。那些朝外面射出的光，明明停留在它的位置上，却又同时出现在外侧的事象地平面。如果黑洞没有旋转，事象的地平面就只有一个，一旦落入其中，就连朝着外部射出的光线也只能朝着内部行进。然而，一旦黑洞处于旋转状态，其因旋转而产生的离心力就会发挥作用，看起来仿佛要抵消重力。此时，朝外射出的光虽变成了朝内行进，但随着它越来越接近中心，它的速度也会越来越慢，直到某个地方速度减小为零。这里的"某个地方"就被称为内部的事象地平面。在内部的地平面中，只有当离心力超过了重力，朝外射出的光线才能朝外行进。但是，一旦落入了内部的地平面，光线就再也没有机会逃到外面来了。

旋转黑洞即是时光隧道吗

如上一节所说，旋转中的黑洞会出现两个地平面，且一旦光线飞入外侧的地平面，也必然会落入内部的地平面中。

不过，由于黑洞内部离心力的作用，黑洞内部地平面的奇点不是点状而是轮状。那么，由于在内部地平面中重力和离心力取得了平衡且影响不大，因此可能会产生和奇点发生碰撞的情况，并能因此做运动。但无论怎样，光线仍然无法逃到内部地平面的外面。这样一来，刚才我们说的做运动，又是往哪里做呢？

事实上，这种情况下会发生一些不可思议的现象，也就是地平面的性质会突然发生改变。换句话说就是，在此之前原本被吸入的一方，现在忽然变成了吐出的一方。其实这正是朝内射出的光线看起来仿佛停在这个场所内的原因——即便以光速朝内行进，也只能停留在那儿，因为已经耗尽最大的努力而枯竭了。

这样一来，情况就变了，即原本是在内部地平面中的人，突

然被抛到内部地平面之外，然后又到了外部地平面之外。然而，他们到达的已不再是原来的宇宙，而是其他的宇宙。这样看来，旋转中的黑洞恰恰就是通往其他宇宙的捷径，可以作为时光隧道来使用。

理论上，存在着与黑洞相反的物质——白洞。从定义上来说，白洞和黑洞都是物理学家们根据广义相对论所提出的"假想"物体，或一种数学模型。在物理学上，白洞被定义为一种超高度致密的物体，其性质与黑洞完全相反。具体来说，白洞并不吸收外部物质，而是作为宇宙中的一种喷射源不断向外围喷射各种星际物质和宇宙能量。而简单来讲，白洞可说是时间呈现反转的黑洞，即进入黑洞的物质，最终应该从白洞出来并出现在另外一个宇宙。当然，之所以叫"白"洞，一方面是因为它有着和"黑"洞完全相反的性质，另一方面是因为黑洞的引力使光无法逃脱，而白洞却和黑洞完全相反（连光也会被排斥掉）。此外，白洞有一个封闭的边界，聚集在白洞内部的物质，只能向外运动而无法向内运动。因此，白洞可以向外部区域提供物质和能量，但无法吸收外部区域的任何物质和能量。从引力方面来说，白洞是一个强引力源，它外部的引力性质和黑洞相同。因此，白洞可以把它周围的物质吸到边界上而形成物质层。目前，天文学家还没有找到白洞，它只作为一个理论上的名词而存在，用来解释一些高能天体现象。

据推测，其他宇宙中也存在着旋转黑洞，一旦有东西飞入那里，就会穿越时光隧道，跑到下面的宇宙中去。事实上正是这种旋转着的黑洞，使无数宇宙彼此相连。不过，我们需要知道的是，上述所说的理论

▲时光隧道

都是基于对旋转黑洞的性质所作的数据调查，现实中究竟是否有旋转黑洞这种情况，我们还不清楚。

虫洞是宇宙中「瞬间转移」的时空隧道

逆时旅行的瓶颈：打不破的光速壁垒

由于时间和空间是相关的，因此，一个和逆时间旅行密切相关的问题就是，你能否行进得比光还快。要知道，时间旅行就意味着超光速旅行，即在你的旅程的最后阶段做逆时间旅行，这样你就能使你的整个旅程在你希望的任意短时间内完成。当然，这样做其实就是让你以不受限制的速度行进！就像我们看到的一样，这个结论反过来依然成立：如果你能以不受限制的速度行进，你就能逆时间旅行。

同科学家一样，科学幻想作家也非常关心超光速旅行的问题。在他们看来，假设我们向着离我们最近的恒星 α - 半人马座发送速度达光速的星际飞船，由于它离我们大概有 4 光年那么远，所以预计飞船上的旅行者至少要到 8 年之后才能返回地球向我们报告他们的发现。但如果到更远的银河系中心去探险，就需要更长的时间——大约10万年。这样一来，对那些想要写一场星际大战的科幻作家来说，前景似乎就不太乐观了！

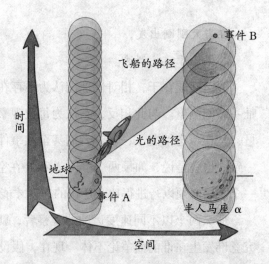

但相对论提出时间不存在唯一的标准，这样每一位观察者都拥有他自己的时间测量。这样一种时间是用观察者自己所携带的钟表来测量的。对时空旅行者来说，这个旅程可能就比留在地球上的人的感觉要短得多。不过，对那些只老了几岁的回程空间旅行者来说，这种情况无疑凄惨了许多，因为他们会发现留在地球上的亲友们已经死去了几千年。也正因为如此，科幻作家为了使人们对他们的故事更有兴趣，必须设想有朝一日我们能够运动得比光还快。可在此过程中，他们没意识到的是，如果你能运动得比光还快，即你能向着时间的过去运动，你势必要面临像下面这首打油诗一样的情况：

年轻的小姐名叫怀特，

她行得比光还快。

她以相对性的方式，

在当天刚刚出发，

却早已于前晚到达。

关键问题在于，相对性理论认为不存在让所有观察者同意的唯一时间测量。与此相反，它认为每位观察者都有自己的时间测量，且在一定情况下，观察者们甚至在事件时序上的看法也不必一致。也就是说，如果两个事件 A 和 B 在空间上相隔得非常远，一个飞船必须以行进得比光还快的速度才能从 A 到达 B。

那么两个以不同速度运动的观察者，就会对事件 A 和事件 B 究竟谁发生在谁前面争论不休。现在，假设把 2012 年奥运会 100 米决赛的结束作为事件 A，把比邻星议会第 100000 届会议的开幕式作为事件 B。假设对地球上的一名观察者来说，事件 A 先发生，

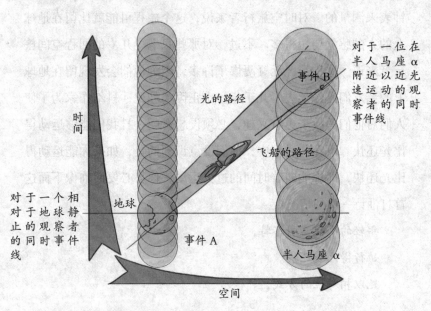

时间

光的路径

事件 B

对于一位在半人马座 α 附近以近光速运动的观察者的同时事件线

飞船的路径

对于一个相对于地球静止的观察者的同时事件线

地球

事件 A

半人马座 α

空间

一年后的 2013 年事件 B 才发生。我们知道，地球和比邻星相距 4 光年左右，因此这两个事件必须满足上述的判断，即虽然 A 在 B 之前发生，但你必须行进得比光速还快才可能从 A 到达 B。这样一来，对身处比邻星、在离开地球方向以接近光速旅行的观察者来说，事件 B 就在事件 A 之前发生。

他会这样对你说：如果你可以超光速运动，你就能够从事件 B 到达事件 A。事实上，如果你旅行得真的够快，你甚至来得及在赛事开始之前从 A 地赶回到比邻星，并在得知谁是赢家的基础上投注成功。

然而，要打破光速壁垒还存在一个问题。相对论告诉我们，宇宙飞船的速度越接近光速，对它加速的火箭的功率就必须越来越大。对此我们的实验结果是，我们可以在诸如粒子加速器的装置中将粒子加速到光速的 99.99%，但无法使它们达到或者超过光速。而空间飞船的情形也是如此，无论火箭的功率多大，它都不可能达到光速以上。

虫洞——宇宙中"瞬间转移"的工具

无法打破光速壁垒，是否就表明没办法进行时间旅行了？答案是否定的。

事实上，人们还可以把时空卷曲起来，使得 A 和 B 之间出现一条近路。在 A 和 B 之间创生一个虫洞，就是一个很好的法子。顾名思义，虫洞就是时空中一条细细的管道，它能把两个几乎平

坦的、相隔遥远的区域连接起来。

　　虫洞，又称爱因斯坦－罗森桥，是宇宙中可能存在的连接两个不同时空的狭窄隧道。1916 年，奥地利物理学家路德维希·弗莱姆首次提出了虫洞的概念。1930 年，爱因斯坦和纳珍·罗森在研究引力场方程时有了新发现，他们认为通过虫洞可以做瞬时间的空间转移或者时间旅行。不过迄今为止，科学家还没有观察到虫洞存在的证据，人们通常认为这是因为虫洞和黑洞很难区别开。事实上，虫洞也分很多种类，如量子态的量子虫洞和弦论上的虫洞。我们通常所说的"虫洞"应该被称为"时空虫洞"，而量子态的量子虫洞被称为"微型虫洞"，两者并不一样。

　　黑洞其实有一个特性，即会在另一边得到所谓的"镜射宇宙"。但因为我们无法由此通行，所以爱因斯坦并不重视这个解。于是，

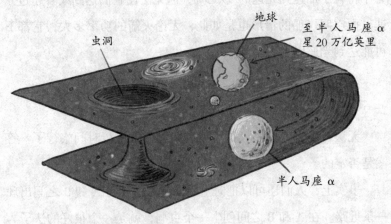

▲对于两个相隔遥远的物体，比如地球和半人马座 α 星，如果让时空卷曲起来，找到一条捷径——一个时空细管，通过它就可能实现时空旅行。

连接两个宇宙的"爱因斯坦 – 罗森桥"一开始只被认为是一个数学伎俩。但 1963 年，新西兰数学家罗伊·克尔研究发现，假设任何崩溃的恒星都会旋转，那么形成黑洞时，就会成为动态黑洞。也就是说，史瓦西的静态黑洞并不是最佳的物理解法。然而事实上，恒星会变成扁平的结构，而不会形成奇点。换言之，重力场并非无限大。这样一来，我们就得到了一个惊人的结论：如果我们让物体或太空船沿着旋转黑洞的旋转轴心发射进入，原则上它可能会熬过中心的重力场而进入镜射宇宙。由此，爱因斯坦 – 罗森桥就好像一个连接时空两个区域的通道，也就是"虫洞"。

虫洞到底是什么呢？假设时空是一个苹果的表面，那么要连接苹果表面上的两个点，一只小虫子必须从一点开始啃咬，直到渐渐咬出一个洞穴。这个洞穴对应的其实就是连接时空中相异两点的捷径。广义相对论指出，只要准备充分适当的物质，就能把时空扭曲成任意形状。因此，这样就会使时空中相异的地方凹陷，并如同管子似的被拉长。将这样的两条管子连接起来，就形成了虫洞。这就仿佛是将这两个黑洞避开内部的奇点而连接形成的。不过，就黑洞的情况来说，由于其表面是时空的地平面，因此一旦落入其中就再也出不来了。此时，就好比能连接黑洞的虫洞无法穿越了。不过，如果你能以比光速还快的速度运动，你还是可以穿越过去的。当然，比光还快的速度在相对论中是被禁止的。

那么，穿越虫洞到底可能吗？如果在时光机器中使用虫洞，而虫洞却无法穿越，那就太难办了。对此，人们认为使事象的地

平面无法在入口处形成，进而缓慢地扭曲时空或许就行了。可这样一来，人们就必须了解某种迄今为止仍属未知的物质。通常来讲，普通的物质都具备正能量，所以重力才成为引力，时空才能够逐渐无边地扭曲。但如果使时空不太扭曲的物质存在，我们就能通过使用该物质制造出能轻易穿越的虫洞。遗憾的是，这样一种物质究竟是什么，人们至今还不清楚。

如何让时空卷曲

▲为允许旅行到过去，必须得用某种方式将时空卷曲，形成一个负曲率的时空区域。

乍看之下，时空不同区域之间虫洞的思想似乎是科幻作家的发明。然而，它的起源事实上非常令人尊敬。

1935 年，爱因斯坦和纳珍·罗森合写了一篇论文。在该论文中他们指出，广义相对论允许一种他们称之为"桥"而现在被称为虫洞的东西。不过，这个被称为爱因斯坦 – 罗森桥的东西并不能维持很久，飞船根本来不及穿越，因为虫洞会缩紧，而飞船会因此撞到奇点上去。有人因此提出，一个更先进的文明或许可以使虫洞维持开放状态。人们还可以把时空以其他任何方式卷曲，以便能允许时间旅行。但可以证明的是，你必须要有一个负曲率的时空区域，就像一个马鞍面。通常，物质都具有正能量密度，赋予时空以正曲率，就像一个球面。

因此，为使时空能卷曲成允许时间旅行到过去的样子，人们需要拥有负能量密度的物质。

这又是什么意思呢？事实上，能量很像金钱，如果你有正能量，你就能以不同的方法分配。但根据经典定律，能量不允许透支。这样一来，经典定律就排除了负能量密度，即逆时间旅行的可能性。然而，正如前面几章所讲的，以不确定性原理为基础的量子理论已超越了经典定律。比较起来，量子定律更加慷慨，只要你总的余额是正的，你就能从一个或者两个账户里投资。换言之，量子理论允许一些地方的能量密度为负，只要它能由其他地方的正能量密度所补偿，使总能量保持为正。

所谓的卡西米尔效应即是量子定律允许负能量密度的一个典型例子。如我们之前所讲的，我们认为是"空"的空间其实也充满了虚粒子和虚反粒子对，它们一起出现并分开，然后再返回一起并相互湮灭掉。现在，假设我们有两片相距很近的平行金属板。金属板对虚光子起着类似镜子的作用。这样一来，它们事实上形成了一个空腔。这有点像风琴管，只对指定的音阶共鸣。而这意味着，只有当平板之间的距离是虚光子波长的整数倍时，虚光子才会在平板中的空间出现。且如果空腔的宽度是波长的整数倍再

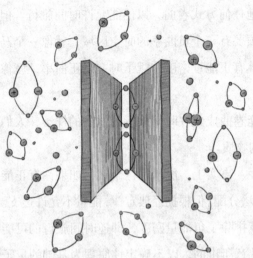

加上部分波长，那么在反射多次后，一个波的波峰就会和另一个波的波谷相重合，波动也就因此抵消。

其实，由于平板之间的虚光子只能具有共振的波长，而在平板之外的虚光子可具有任意波长，所以平板间虚光子的数目要比在

▲假定在宇宙中有两片平行的平板，只有当平板间的距离是虚光子波长的整数倍时，这些虚光子才会出现在平板之间的空间，因此平板之间虚光子的数目比平板之外的区域要略少些。

平板之外的区域略少些。于是，可以预料，这两片平板会遭受到把它们往里挤压的力。而这个力，我们不但已测量到，还发现它和预言值相符。如此一来，我们就得到了虚粒子存在并具有实在效应的实验证据。

当然，在平板之间存在更少虚光子的事实还意味着，它们的能量密度比其他地方更小。不过，在远离平板的"空的"空间的总能量密度必须为零，否则能量密度就会把空间卷曲起来，而无法保持几乎平坦。这样一来，如果平板间的能量密度比远处的能量密度更小，它就必须是负的。

时光机器的制造原理

用狭义相对论中的"双生子吊诡"事件可以说明，使用能被穿越的虫洞，我们是可以轻易地制造出时光机器的。那么，时光机器的制造原理是什么呢？

首先，我们应该尽量将虫洞的两个入口A和B缩小。这样一来，为起到简单的示范作用，我们先假设虫洞的两个入口是在同一时刻连接的。这会产生跟"双生子吊诡"一样的情形，即入口B的时间晚了，就会同时产生两个拥有不同时刻的虫洞入口。

举例来说，如果早上8点从入口B出发，那么当再次回到入口B时，入口A的时间正好是晚上8点，而此时入口B的时间却是早上10点。实际上，就算以接近光速的速度行动，也要花费多得多的时间才能做到这样。所以，这么快回来是根本不可能的。

现在，让我们举个更简明扼要的例子来说明问题。一个位于入口A附近的人，在晚上8点的时候来到了入口B，并从那里飞了进去。假设他抵达入口B所要花费的时间是一个小时，那么当他抵达入口B时，时间应该是晚上9点。我们知道，入口B是以自己的钟表来计量的，假如在早上时间回到原来的场所后就静止不动，那么此后入口B的钟表时刻就应该和入口A的钟表时间保持一致。照此推算，之前的那个人在抵达入口B时，入口B的时间应该是上午11点。而又因为入口B的11点和入口A的11点是相连的，因此那个人飞进入口B后，应该会在上午11点再从入口A飞出来。可是，他出发的时间明明是在晚上8点的。这样一来，他不就回到过去了吗？

　　话说回来，如果你因此就欢呼雀跃时间机器制造成功了，那就有点为时过早了。事实上，要完成制造时光机器的任务，你必须将所有的问题都考虑清楚，并且保证每个问题都有解答。然而，实际情况是所有问题都还是一团糟，完全没有清晰明了的思路。首先，最大的疑问就是，现实中我们究竟是否能制造出可以被穿越的虫洞。另外，就算我们确实能造出这种虫洞，我们又是否有能力将它拓宽为人类可以穿越的大小，以及是否有能力操纵它。当然，其他的问题诸如是否虫洞还有另一方面的入口等，也足够让人们操心费神许久了。

第八章

物理学的统一

我们在寻找宇宙终极定律

自然终极定律

想要一蹴而就地建立一个包括宇宙中每一件东西的完整而统一的理论，无疑非常困难。取而代之，现在的物理学在寻求描述发生在有限范围的部分理论方面取得了进步。也就是说，科学家忽略了其他效应，或者只是把它们用一定的数字来近似。我们知道的是，科学定律包含许多数，如电子电荷的大小和质子电子的质量比，但目前，我们还无法从理论上把它们一一预言出来。于是，我们只能通过观测将它们找出来，然后将它们放到方程中去。这样的一些数被某些人称为"基本常数"，另一些人则称它们为"胡说因素"。

无论你持何种观点，以下的事实确实值得你注意，这些数值似乎都被精确地调整到了适合生命发展的地步。例如，如果电子的电荷数稍有不同，它就会破坏恒星电磁力和引力的平衡，从而使恒星要么没有燃烧氢和氦，要么从未爆发过。无论发生哪种情况，生命都无法生存。归根结底，我们都希望找到一个完美而协调的统一理论——它能包容作为其近似表述的所有那些局部性理论，而不需要选取特定的任意值去符合事实。科学家对此类统一理论的探究，就被称为"物理学的统一"。

晚年的爱因斯坦用了大部分时间来探索统一理论，但终未成功。这一方面是因为当时的时机尚未成熟——人们虽然知晓了引力和电磁力的部分理论，但对核力所知甚少。另一方面是因为爱因斯坦一直拒绝相信量子力学的真实性，尽管他曾对其发展做出了重要贡献。但不可否认的是，量子力学的不确定性原理似乎正是我们生活其中的宇宙的一个基本特征，因此一个成功的统一理论必须将其包括进去。

今天，鉴于我们对宇宙的认识已经取得了长足进步，寻求统一理论的前景似乎也好了很多。然而，考虑到过去我们对成功的错误期望，我们还不能太过沾沾自喜。例如，20世纪初，人们曾以为任何东西都可按连续物质如弹性和热导的性质予以解释，然而随后原子结构和不确定性原理的发现使之彻底破产。1928年，物理学家、诺贝尔奖获得者马克斯·玻恩对一群来格丁根大学的访问者说出了这样的话："据我们所知，物理学将在6个月内结束。"当时，他的信心来源于狄拉克最新发现的能够制约电子的方程。人们认为，当时仅知的另一种粒子质子就服从这样的方程，而这就是理论物理的终结。然而，中子和核力的发现给持有这种观念的人当头一棒。

综上所述，我们不能对寻求统一理论的前景过于自信，然而也不必对此太过悲观。对此，霍金的看法是，我们仍可以以一种谨慎乐观的态度去相信，现在的我们可能已经接近了探索自然终极定律的终点。

广义相对论和量子力学的结合

今天的物理学走到哪一步了呢？事实上，今天的我们已经掌握了若干个局部性的理论，除了有关引力的局部性理论广义相对论，我们还拥有了支配弱力、强力和电磁力的局部性理论。其中，后三种理论可以合并成所谓的大统一理论，即 GUT。但这个理论并不令人满意，因为它不但没有把引力包含在内，还包含了一些不能从这个理论预言而必须人为选择以适合实验的参数。

简单来说，找到一种能将引力和其他几种力统一起来的理论的困难之处就在于，广义相对论乃是一个经典理论。换言之，广义相对论并不包容量子力学的不确定性原理。而与此相反，其他三种理论都与量子力学紧密相连。因此，要找到统一理论，我们必须先把广义相对论和不确定性原理结合起来，也就是找到一种量子引力论。正如我们已看到的，这样的结合能产生一些非常显著的推论，如黑洞不黑、宇宙没有任何奇点及宇宙无边界理论。

事实上，创造量子引力论的真正困难在于，不确定性原理意味着甚至在"空虚的"空间也充满了虚的粒子/反粒子对。但如果情形并非如此，也就是说如果"空虚的"空间真的是完全空虚的，那就意味着所有的场，如引力和电磁场必须精确为零。然而我们知道，场的值及其随时间的变化率和粒子的位置和速度（即

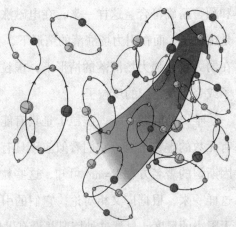

▲不确定性原理意味着"空虚的"空间也充满了虚粒子和反粒子对，并且应具有无限的能量，能将宇宙卷曲到无限小。

位置的改变）极为相似。由不确定性原理可知，我们越是精确地知道这些量中的一个，就只能越不精确地知道另一个量。因此，如果空的空间中的一个场被精确地固定在了零上，那么它就既有了准确的值（零），又有了准确的变化率（仍是零），这无疑违反了不确定性原理。所以说，在这样的场中必须有不确定性或者量子涨落的某个最小量。

严格来说，人们可以把这些涨落看成许多在某一时刻同时出现，运动分开，然后又走到一起，并相互湮灭掉的粒子对。这些粒子对看起来像携带力的粒子一样是虚粒子，而不像实粒子一样可以被粒子检测器直接观测到。不过，它们的间接效应，例如电子轨道能量的微小改变，是可以观测到的，而且这些数据看起来

和预言精确符合。这样一来，在电磁涨落的情形下，这些粒子就是虚粒子，而在引力场涨落的情形下，它们就是虚引力子。不过，在弱力场和强力场涨落的情形下，虚粒子对是物质粒子对，如电子或夸克及它们的反粒子。

唯一的问题在于，虚粒子是具有能量的。也就是说，因为具有无数的虚粒子对，它们看似应该具有无限的能量。因此，由爱因斯坦的著名方程 $E=mc^2$ 可知，这些粒子也应具有无限的质量。这样一来，根据广义相对论，它们的引力吸引将会把宇宙卷曲到无限小的尺度。显然这种情况并没有发生！

与此类似，在其他部分理论——强、弱和电磁力的理论，也发生类似的似乎荒谬的无限大。然而，所有这些情形下的无限大都能用被称为重正化的过程消除掉。只不过，看起来重正化存在一个严重的缺陷，以至于无法完全消除无限大。

将引力和其他力结合起来的最佳办法

重正化，是克服量子场论中的发散困难，使理论计算能顺利进行的一种理论处理方法。简单来说就是，重正化牵涉到引入新的无限大，具有消除理论中产生的无限大的效应。不过，这些无限大并不需要被准确地消除。我们可以选择新的无限大以便留下小的余量，这些小的余量被称为重正化的量。

从数学角度来看，重正化的技巧看起来十分可疑。然而，实际运用中它不但确实行得通，而且能用来和强、弱及电磁力的理

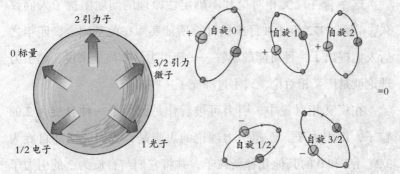

▲ 自旋为 2 的引力子和自旋为
3/2、1/2 和 0 的其他几种新粒
子，可以共同组成具有超引力
的超粒子。

▲ 自旋为 1/2 和 3/2 的虚粒子 / 反粒子
具有的负能量往往会和自旋为 0、1
和 2 的虚粒子对的正能量相抵消。

论一起做出预言，而这些预言又极其精确地跟观测相一致。但无
论怎样，从企图找到一个完备理论的观点看，重正化还存在着一
个严重的缺陷——一旦我们从无限大中扣除无限大，那么你想要
什么答案就能取得什么答案。这意味着，质量和力的强度的实际
值不能从该理论中得到预言，而必须被人为选择以适合观测。不
幸的是，在试图利用重正化从广义相对论中消除量子的无限大时，
我们只有两个可调整的量：引力的强度和宇宙常数的值。前文已
述，爱因斯坦相信宇宙不再膨胀，因此他将宇宙常数项引进了他
的方程。可结果是，调整它们并不足以消除所有的无限大。因
此人们得到这样一个理论：它似乎预言了诸如空间—时间的曲率
的某些量真的是无限大的，然而观察和测量却表明它们的确是有
限的。

这个合并广义相对论和不确定性原理的问题困扰了人们许久，直到 1972 年才被仔细的计算所证实。在此基础上，四年之后人们提出了一种可能的解答——超引力。本质上来说，超引力理论就是广义相对论，只不过补充了一些粒子。

在广义相对论中，引力可被看作是起因于一种自旋为 2 的粒子，即引力子。而超引力理论的思想是，我们应增加自旋为 3/2、1/2 和 0 的其他几种新粒子，并将它们与自旋为 2 的引力子结合在一起。这样一来，从某个意义上说，所有这些粒子都可被认为是同一种"超粒子"的不同侧面。

这其中，自旋为 1/2 和 3/2 的虚粒子 / 反粒子具有的负能量往往会和自旋为 0、1 和 2 的虚粒子对的正能量相抵消。

这会使许多可能的无限大被抵消掉。但人们仍怀疑，某些无限大依然存在。事实上，人们可以通过计算来确认是否真的留下了某些无限大未被消除掉。然而，这计算是如此之冗长和困难，以至于根本没人会着手去做。人们预计，即便使用计算机来计算，也要至少 4 年才能算出来，且计算机犯一次错误或更多错误的概率是很高的。而要想证明一个人的计算结果是正确的，必须另有其他人做重复的计算，并得到同样的答案。很明显，这是不可能的。

客观来讲，尽管存在以上问题，尽管超引力理论中的粒子似乎跟观察到的粒子并不相符，但多数科学家仍然相信，超引力可能是对物理学统一问题的正确答案，或者说它看起来似乎是将引力和其他力统一起来的最佳办法。

科学的终极胜利是「认识上帝」

三种关于统一理论的可能

统一理论确实存在还是只是我们的想象，这里存在三种可能性：

1. 完备的统一理论（或者一大堆交叠的表述）确实存在。对此，如果我们足够聪明，终有一天会找到它。

2. 并不存在所谓的宇宙终极理论，存在的只会是一个越来越精确，但不可能完全准确地描述宇宙的无限的理论序列。

3. 根本不存在宇宙的理论。超出一定范围的事件是不可预知的，它们只会以一种随机而任意的方式发生。

一些人赞同第三种可能性，原因是：如果真的存在一套完整的定律，那将会侵犯上帝改变主意对世界进行干涉的自由。可既然上帝是无所不能的，那么只要他乐意，他就可以任其所愿地改

变自己的自由。这就像那个古老的悖论：上帝是否有能力创造出一个重到连他自己都举不动的石头？

事实上，上帝可能要改变主意的构想，就像圣·奥古斯丁所说，是把上帝想象成存在于时间中的生物的谬误。而真实情况是，时间只不过是上帝创造出的宇宙的一个性质。我们几乎可以这样想，当上帝创造宇宙时，他完全知道自己到底要干什么。

另外，量子力学的出现也让我们意识到，一定程度的不确

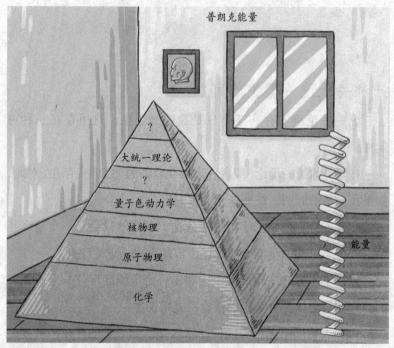

▲对现有的大统一理论来说，当我们往越来越高的能量去的时候，这种不断精确的理论序列也应当有一个极限，也就是说一定存在宇宙的某种终极理论。

定性导致我们不可能完全精确地预言事件。当然，有人或许会把这种随机性归结为是上帝的干涉。然而，这种干涉看起来非常奇怪，因为没有任何证据表明它是有目的性的。正常情况是，如果他确实有目的地干涉，那就绝不会是随机的。如今，我们已重新明确了科学的目标，即我们的目的只在于建立起一套用公式表示的定律，从而使我们可以在不确定性原理的极限内对事做出预言。鉴于这一点，上述第三种可能性实际上已被排除。

第二种可能性，即存在一个无限的越来越精确的理论序列，迄今为止与我们的所有经历都符合。许多场合，我们都尽力提高工作的灵敏度，或开展新种类的观测，以揭示新的、现有理论无法预言的现象。鉴于此，我们必须发展出更为高级的理论。而对现有的大统一理论来说，如果它们经更大、更强的粒子加速器检验不再成立，我们也不必为此大惊小怪。例如，现有的大统一理论预言，在约100吉电子伏的弱电统一能量和约1000万亿吉电子伏的大统一能量之间，并没有什么本质上的新现象发生。如果这个预言错了，人们并不感到很惊讶，因为我们有更高级的预言——我们可以找到比夸克和电子这些"基本"粒子更基本的结构层次。

一个问题是，引力似乎为这种"盒子套盒子"的序列设下了某种限制。如果有一个粒子，它的能量超过了所谓的普朗克能量（1000亿亿吉电子伏），它的质量便会高度密集，最终导致其脱离宇宙的其他部分而形成一个小黑洞。由此可见，当我们往越来

越高的能量去的时候，这种不断精确的理论序列也应当有一个极限，也就是说一定存在宇宙的某种终极理论。

不过，目前我们在实验室里能产生的最大能量离普朗克能量还非常远，而要跨越这之间的鸿沟，我们大约需要一台比太阳系还要大的粒子加速器。显然，在目前的经济水平下，这是不可能做到的。

可以想象，这样大的能量必定在宇宙极早期阶段登上过舞台。而在霍金看来，当下正是获得统一理论的绝好时机。人们对早期宇宙的研究，以及对数学一致性的要求，极有可能引导某些人得出一种完美的统一理论。当然，这种情况出现的前提是我们不会因某些原因自行毁灭。

无法确定的终极理论

如果我们真的发现了宇宙的终极理论，那又意味着什么呢？事实上，正如我们在第一章已解释过的，我们将永远不能肯定这个结果。因为我们无法证明这个理论一定是正确的。不过，如果我们得出的这个理论在数学上相协调，并且总能做出与观察相一致的预言，我们便有理由相信它是正确的。那时候，它将作为一个光辉的篇章，为人类智慧理解宇宙的长期历史画上句号。与此同时，它还会变革常人对制约宇宙的定律的理解。

回顾历史，在牛顿时代，一个受过教育的人至少可以大致地掌握人类知识的整体。然而自那以后，科学发展的步伐便不再被普通人所掌握。因为理论总是为了说明新的观测结果而不断变化，以至于它们从未被适当地消化以达到常人能理解的程度。换言之，即便你是一个专家，你也只能做到适当地掌握科学理论的一小部分，而不能掌握其全部。另外，科学发展的速度非常快，以至于学生在中学和大学学到的东西总是处于过时状态。事实上，只有很少一部分人可以跟上知识快速前进的步伐，但他们要为此投入自己全部的时间，且只能局限在某个很小的领域里。至于其余的大多数人，则对科学不断取得的进展和由此引发的激情所知甚少。

爱丁顿曾说，世上只有两个人可以理解广义相对论。时至今日，数以万计的大学毕业生都理解了它，且另外几百万人至少熟悉它的思想。那么，如果科学家真的发现了一套完备的统一理论，按照同样的方法来将其消化并简化，也只是时间问题而已。届时，学校就可以授其理论，使学生至少知其梗概；众多普通人就能理解制约宇宙的定律，并对我们的存在负责。

然而，即便我们发现了完备的统一理论，也并不表明我们可以一般性地预言事件。一个原因是不确定性原理给我们的预言能力设置了极限，而我们对此毫无办法。另一个更为严厉的限制来自以下事实：除了非常简单的情形，我们多数时候不能准确地解出这样一种理论的方程。实际情况是，我们甚至不能解出包含一个核和多于一个电子的原子的量子方程。即便在最简单的牛顿引力理论中，我们也无法准确地求解物体运动问题，

且随着物体的数目和理论复杂性的增加，求解难度会越来越大。虽然说，实际运用中我们可以使用近似解来参与计算，但当近似解遭遇"万物统一理论"这个术语时，就显得太不精确且完全不匹配了！

当"灵魂"遭遇科学决定论

最初，在理论上描述和解释宇宙的企图是这样一种思想：具备人类情感的灵魂控制着事件和一切自然现象，它们的行为跟人类很像但无法被预言。人们认为，这些灵魂栖息在自然物体之中，对象包括河流、山川及太阳和月亮等。人们必须通过向他们祈祷并供奉，来得到土壤肥沃和四季循环的保证。而随着时间流逝，人们逐渐发现了一些规律，如太阳总是东升西落，无论我们是否供奉了太阳神。进一步来说，太阳、月亮和其他行星都围绕着事先被预言得相当精确的轨道穿过苍穹。人们由此认为，太阳和月亮可以仍然是神祇，但它们都属于服从严格定律的神祇。事实上，如果你不把圣经中预言的"太阳会停止运行"的话当真，那这一切就毫无例外。

关于太阳和月亮等天体运行的规律，一开始只在天文学和其他一些情形下才显而易见。但随着文明不断发展，尤其是最近300年的发展，越来越多的规则和定律得到了发展。这些定律的成功，导致拉普拉斯在19世纪初提出了科学决定论。他宣称，存在一组定律，只要给定宇宙在某一时刻的结构，我们就能根据这些定律精确决定宇宙的演化。

拉普拉斯的决定论在两个方面很不完整。一是它没讲清楚该如何选择定律，二是它没有指定宇宙的初始结构。他似乎把这些都留给了上帝，让上帝来选择宇宙如何开始并要服从什么定律，而一旦开始后它将不再干涉宇宙。由此可见，在 19 世纪的科学领域，上帝属于不能被理解的范畴。

现在我们知道，拉普拉斯对决定论的希望，至少在他所想的方式上，是无法实现的。量子力学的不确定性原理意味着，某些成对的量，如粒子的位置和速度，无法被同时精确地预言。因此，量子力学通过一组量子理论来处理此种情形，即不使用定义得很好的位置和速度来表示粒子，取而代之的是一个波。这些量子理论给出了波随时间演化的定律，从这个意义上来说，这些量子理论是从属于宿命论的。据此，如果我们知道某一时刻的波，我们就可以将它在任一时刻的波推算出。看起来，只有当我们试图按照粒子的位置和速度对波作解释时，不可预见性的随机要素才会出现。但这也许是我们自己的错误——也许根本就不存在粒子的位置和速度，只有波。也就是说，粒子的位置和速度的观念太过先入为主，以至于我们总想把波硬套到它们上面。而这种硬套导致的不协调就是表面上不可预见性的原因。

哲学＋科学＝每个人都能知道上帝的精神

人类因何诞生，从何而来，又将去往何处？宇宙因何诞生，从何而来，又将去往何处？回望整本书，我们要讲的也不过就是这些问题。而这些问题，不仅是当今乃至以后整个人类科学将要面临和解决的最大问题，也是困扰古往今来哲学家们的最大谜题。

人们普遍认为，古希腊时期的自然哲学派即是西方最早的哲学家。当时，古希腊哲学家把他们的研究课题锁定在三个方面：关于宇宙和人生的基本思想问题；关于我们如何知道或认识真理的问题；关于生命的意义与道德实践的问题。这三个方面，此后就成了西方历代哲学家们不断研究的课题。而在中国，近代学者关于哲学的定义是，关于宇宙和人生的基本思想。胡适在其《中国哲学史大纲》中着重指出"凡研究人生且要的问题，从根本上着想，要寻求一个且要的解决"这样的学问叫作哲学。

由此可见，"人类和宇宙的命运"一开始就是哲学探讨的范围。而根据西方学术史，在不断发展的过程中，哲学衍生出了科学。爱因斯坦曾说："如果把哲学理解为在最普遍和最广泛的形式中对知识的追求，那么它显然就能被认为是全部科学之母。"哲学和科学一直是相辅相成的，哲学以认识、改造世界的方法论为研究内容企图对世界的终极意义做出解释。在这个解释的过程中，我们可以了解世界，使世界在我们的意识中合理化并为我们的心灵提供慰藉。而近代科学，则是以培根倡导的实证主义和伽利略为实践先驱的实验方法为基础，以获取关于世界的系统知识的研究。

哲学和科学对宇宙命运关注和探讨的一致性，使霍金倾向于将他们紧密联系在一起。因为相比于科学的小众化、实证主义和科学性，哲学显得更具有思考上的意义和普遍性，因为每个人都可以通过思考来理解哲学命题。由此霍金提出，如果某天我们从科学上研究出了大统一理论，那势必也需要哲学为其帮衬，使其在普通意义上能被普通人所了解。

然而，现实的实际情况却是，一方面，迄今为止的多数科学家都埋头苦干于发展描述宇宙为何物的理论，而没有多余的时间静下心想一想为什么。另一方面，以探求宇宙为何如此的哲学家们因为跟不上科学理论的步伐，而选择"避开"对生命和宇宙的质疑。18世纪时，哲学家把包括科学在内的整个人类知识都当作他们的研究领域，并认真讨论过诸如"宇宙是否有开端"之类的问题。然而，到了19世纪和20世纪，除少数科学家外，对哲学家或其他任何人来说，科学在学术内容和数学方法上都变得过于深奥。因此，哲学家开始把他们的质疑范围大大缩小，甚至完全远离了对宇宙命运的探讨。对此，20世纪最著名的哲学家维特根斯坦曾发出这样的感慨："哲学仅余下的任务就是语言分析了。"这几乎是从亚里士多德到康德以来哲学伟大传统的最大堕落！这一切造成的结果就是，即便我们有一天发现了宇宙终极定律，那也只是少数人的胜利，多数人并不知晓或者理解这一点。

以霍金的观点来看，一旦人人都理解了宇宙的所有性质，人

们就都具备了参与关于"为什么存在这个宇宙"的讨论资格。而如果我们对此问题找到了答案，我们也就达到了人类理性的终极胜利，因为到那时每个人都知道了上帝的精神。

　　显而易见，仅就目前的状况来说，这对许多人都是不小的挑战。毕竟，我们当中千千万万的人不但从未涉及过对宇宙本质的探索，而且可能根本无法理解深奥而复杂的科学理论。然而我们应该明白，霍金是一位研究宇宙的科学家，但他给千千万万的普通人写出了通俗的《时间简史》，让大家知道并理解宇宙的奥秘。与此相同，在大统一理论的问题上，霍金也希望每个普通人都能靠近晦涩的科学，而不仅仅让科学和宇宙保留在少数科学家的脑海中。仅此一点，我们就该对这位科学家致敬，并对未来充满希望！